图形图像处理（Photoshop平台）

Photoshop CS3 试题汇编

（图像制作员级）

修订版

国家职业技能鉴定专家委员会
计算机专业委员会 编写

北京希望电子出版社
Beijing Hope Electronic Press
www.bhp.com.cn

内容简介

本书包含图形图像处理模块（Photoshop 平台）Photoshop CS3 图像制作员级考试试题库的全部试题，经国家职业技能鉴定专家委员会计算机专业委员会审定，考生考试时所做题目从中随机抽取。本书既可供正式考试时使用，也可供考生考前练习之用，是参加图形图像处理模块（Photoshop 平台）Photoshop CS3 图像制作员级考试的考生人手一册的必备技术资料。

本书可供考评员和培训教师在组织培训、操作练习和自学提高等方面使用，还可供广大读者学习 Photoshop 图形图像制作知识、自测 Photoshop 图形图像制作技能使用，也可作为大中专院校、技校、中高职、职高、高校和社会相关领域培训班进行图形图像制作技能培训与测评的首选教材。

为方便考生练习，全部的题库素材将在北京希望电子出版社微信公众号、微博，以及北京希望电子出版社网站（www.bhp.com.cn）上提供。

图书在版编目（CIP）数据

图形图像处理（Photoshop 平台）Photoshop CS3 试题汇编 ：图像制作员级 / 国家职业技能鉴定专家委员会计算机专业委员会编写. —北京 ：北京希望电子出版社, 2016.11

ISBN 978-7-83002-322-5

Ⅰ. ①图… Ⅱ. ①国… Ⅲ. ①图象处理软件－技术培训－试题 Ⅳ. ①TP391.413-44

中国版本图书馆 CIP 数据核字(2016)第 242526 号

出版：北京希望电子出版社
地址：北京市海淀区中关村大街 22 号
中科大厦 A 座 10 层
邮编：100190
网址：www.bhp.com.cn
电话：010-82620818（总机）转发行部
010-82626237（邮购）
传真：010-62543892
经销：各地新华书店

封面：张 洁
编辑：石文涛 刘 霞
校对：全 卫
开本：787mm×1092mm 1/16
印张：10.5（彩插 22 面）
字数：249 千字
印刷：北京昌联印刷有限公司
版次：2023 年 7 月 1 版 9 次印刷

定价：44.80 元

X1-1

X1-2

X1-3

X1-4

X1-5

X1-6

X1-7

X1-8

X1-9

X1−10

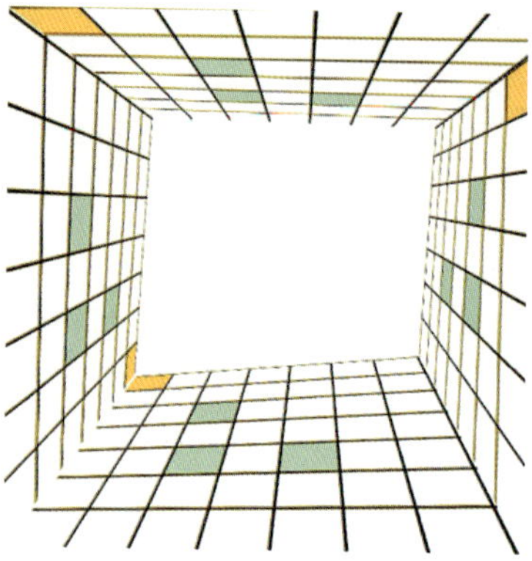
X1−11

X1−12

X1−13

X1−14

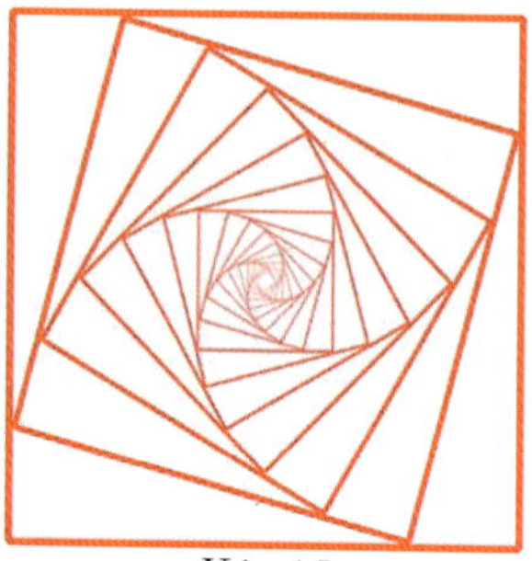
X1−15

X1−16

X1−17

X1-18

X1-19

X1-20

X2-1

X2-2

X2-3

X2-4

X2−5

X2−6

X2−7

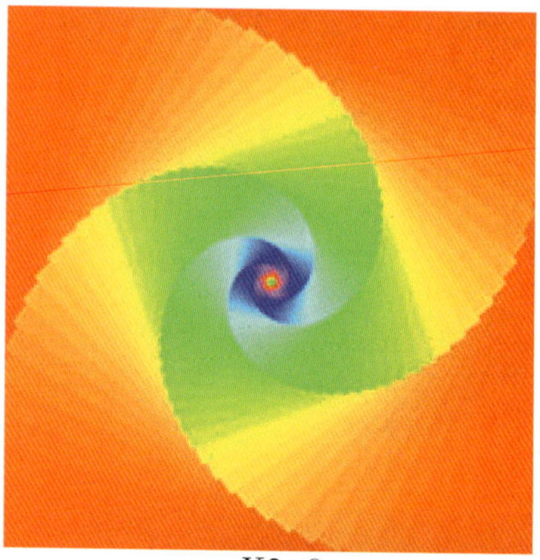

X2−8

X2−9

X2−10

X2−11

X2−12

X2−13

X2−14

X2−15

X2−16

X2−17

X2−18

X2−19

X2-20

X3-2

X3-4

X3-1

X3-3

X3-5

X3-6

X3-7

X3-8

X3-9

X3-11

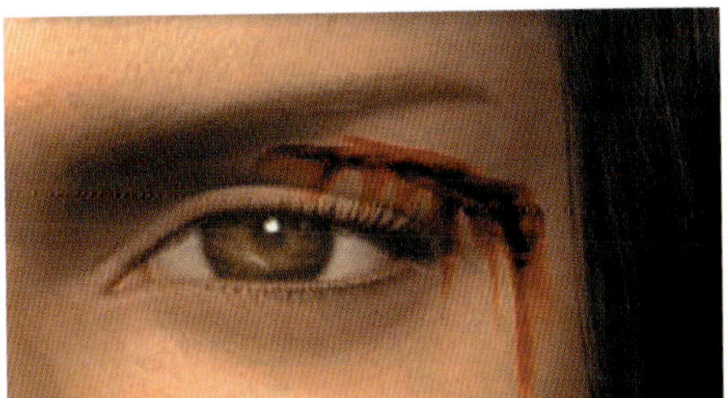

X3-10

X3-12

X3-13

X3-14

X3-15

X3-16

8840939083450900 93405398

X3-17

X3-18

X3-19

X3-20

X4-1

X4-2

X4-3

X4-4

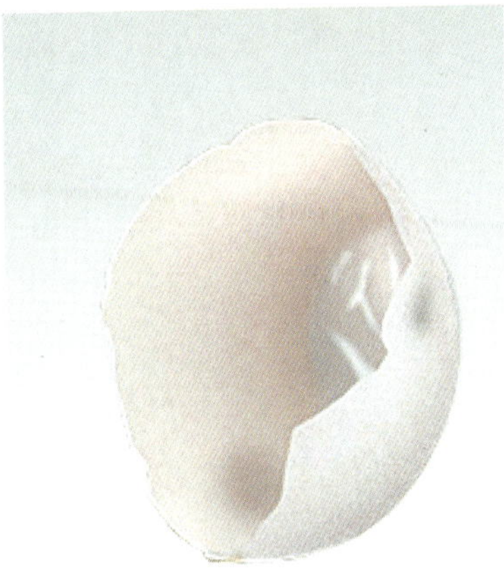

X4-5

X4-6

X4−7

X4−8

X4−9

X4−10

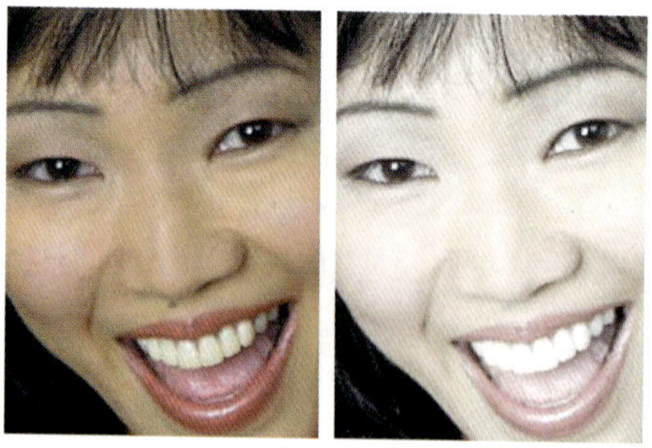

X4−11

X4−12

X4−13

X4-14

X4-15

X4-16

X4-17

X4-18

X4-19

X4-20

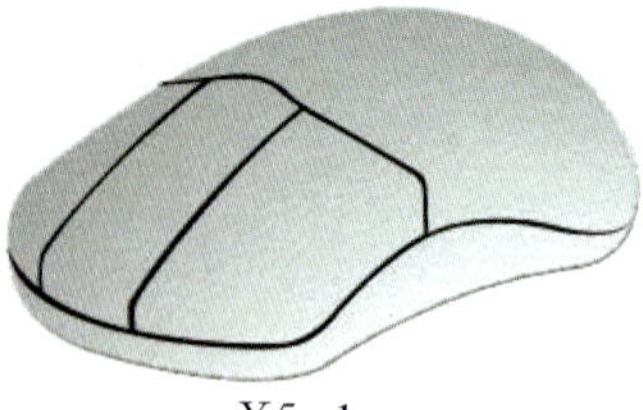

X5-1

X5-2

X5-3

X5-4

X5-6

X5-5

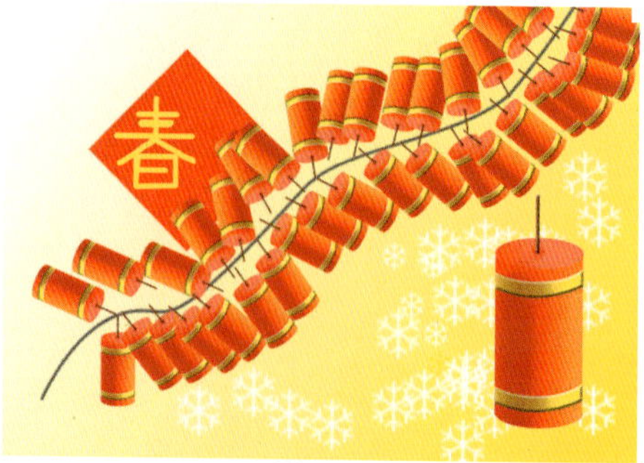

X5-7

X5-8

X5-9

X5-10

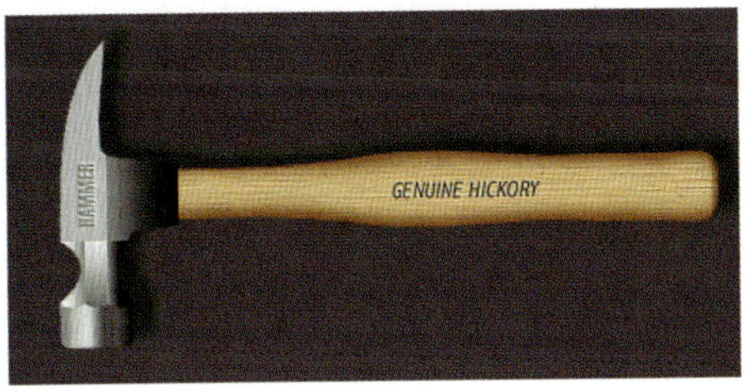

X5-11

X5-12

X5-13

X5-14

X5−15

X5−16

X5−17

X5−18

X5−19

X5−20

X6−1

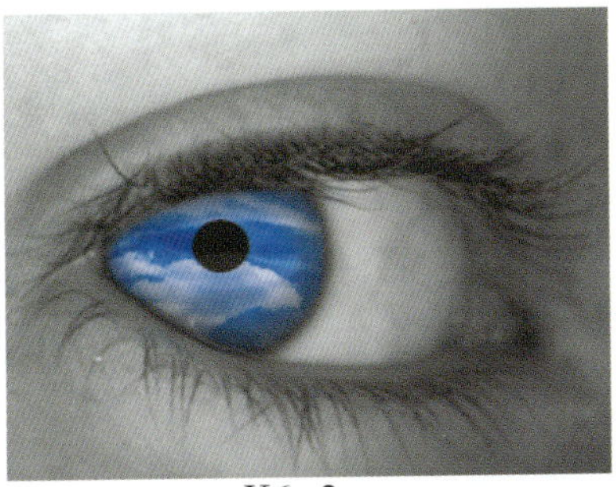
X6−2

X6−3

X6−4

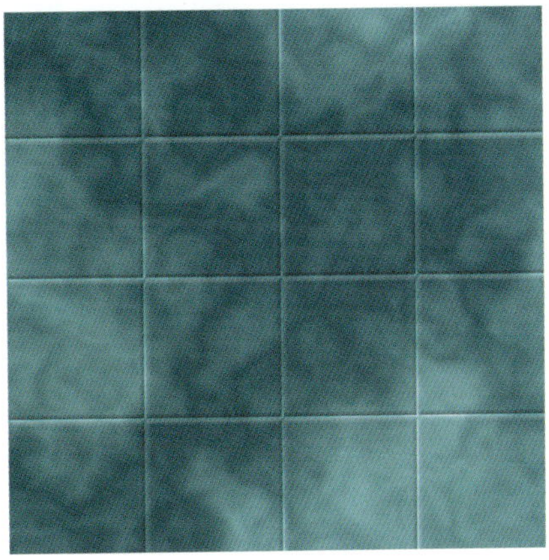
X6−5

X6−6

X6−7

X6−8

X6-10

X6-9

X6-11

X6-12

X6-14

X6-13

X6-15

X6–16

X6–17

X6–18

X6–19

X6–20

X7–2

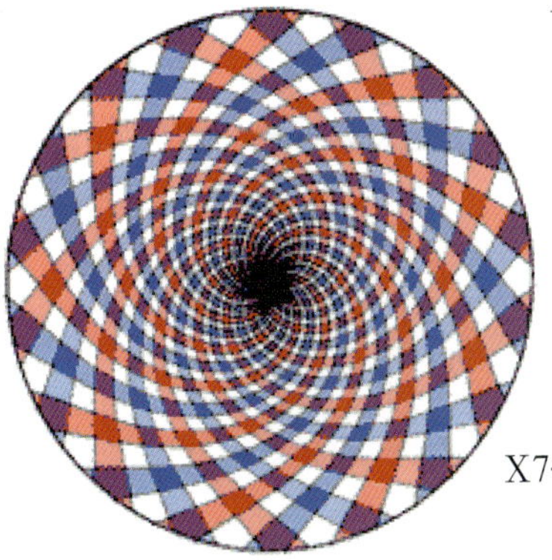
X7–1

X7-3

X7-4

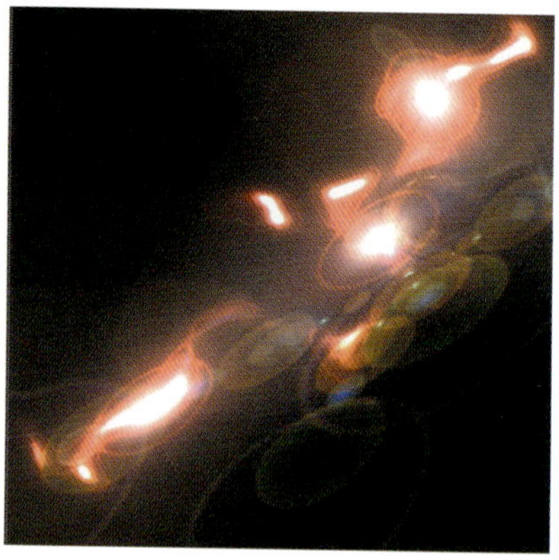
X7-5

X7-6

X7-7

X7-8

X7-9

X7−10

X7−11

X7−13

X7−12

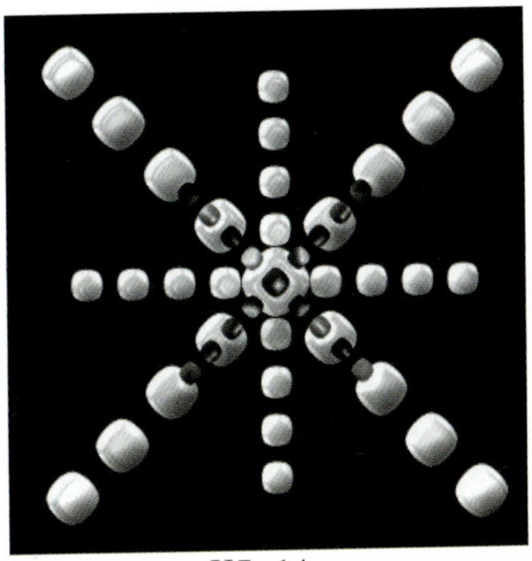

X7−14

X7−15

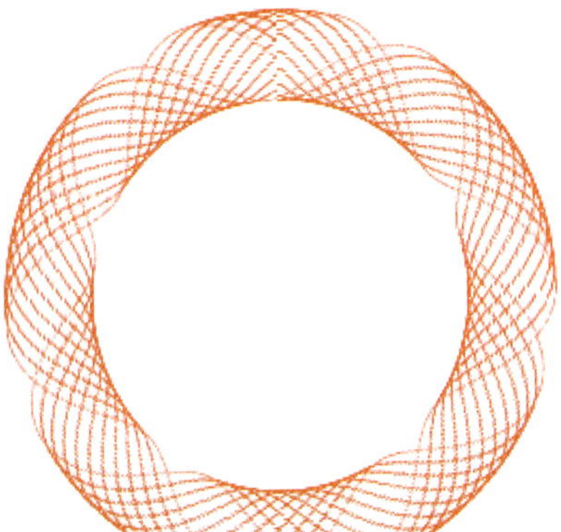

X7−16

X7−17

X7−18

X7−19

X7−20

X8−1

X8−2

X8−3

X8−4

X8−5

X8−6

X8−7

X8−8

X8−9

X8−10

X8−11

X8−12

X8−13

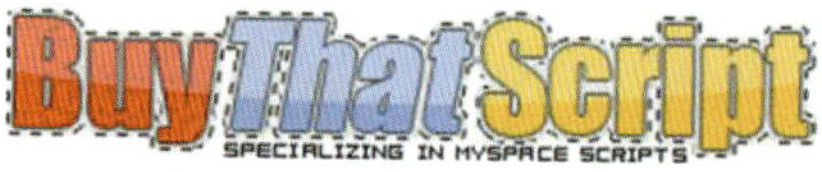

X8−14

X8−15

X8−16

X8−17

X8−18

X8−19

X8−20

国家职业技能鉴定专家委员会

计算机专业委员会名单

主 任 委 员：路甬祥

副主任委员：张亚男　周明陶

委　　　员：（按姓氏笔画排序）

丁建民　王　林　王　鹏　尤晋元　石　峰

冯登国　刘　旸　刘永澎　孙武钢　杨守君

李　华　李一凡　李京申　李建刚　李明树

求伯君　肖　睿　何新华　张训军　陈　钟

陈　禹　陈　敏　陈　蕾　陈孟锋　季　平

金志农　金茂忠　郑人杰　胡昆山　赵宏利

赵曙秋　钟玉琢　姚春生　袁莉娅　顾　明

徐广懋　高　文　高晓红　唐　群　唐韶华

桑桂玉　葛恒双　谢小庆　雷　毅

秘　书　长：赵伯雄

副 秘 书 长：刘永澎　陈　彤　何文莉　陈　敏

图形图像处理（Photoshop 平台）图像制作员级考试

命题组成员

肖松岭　豆玉杰　王艺菲　肖　宁

赵兰英　石文涛　韩培付　周鹏举

杨　莉

出 版 说 明

本试题汇编根据图形图像处理模块（Photoshop 平台）培训和考核标准及操作员考试大纲编写，汇集全部试题，分为 8 个单元。正式考试时，由考试服务中心为考生随机在每个单元抽取一道题号，形成选题单，由考生根据选题单上的单元和题号，按照本试题汇编中的操作要求和样文，调用计算机中的题库文件。这样，通过事先大量练习，达到使考生既通过考试，又熟练掌握计算机应用技能的目的。

本试题汇编也能为社会各界组织计算机应用考试、检测本部门成员计算机应用能力提供考试支持，为各级各类学校组织计算机教学与考试提供题源，为自学者提供学习的主要侧重点和实际达到能力的检测手段。

本书是《图形图像处理（Photoshop 平台）Photoshop CS3 试题汇编（图像制作员级）》（CX-5513）一书的修订版。本次修订工作主要是对书和素材中发现的文字错误做了改正，有些叙述不清楚、不准确、不妥当的地方也加以处理。我们力求使本书达到尽善尽美，相信我们的努力会给广大使用者带来更大的方便。

本书执笔人有肖松岭、豆玉杰、王艺菲、肖宁、赵兰英等。

本书的不足之处敬请批评指正。

目　录

第一单元 选区编辑

1.1 第1题

【操作要求】

制作水果拼盘效果，如图 X1-1 所示。

图 X1-1 效果图

在考生文件夹中新建 X1-1 文件夹，将 C:\2008PS10\Unit1 目录中的 lemon.jpg、banana.jpg、pear.jpg、fruit.jpg 和 plate.jpg 文件复制到 X1-1 文件夹中，并打开 lemon.jpg、banana.jpg、pear.jpg、fruit.jpg 和 plate.jpg 文件，如图 Y1-1 所示。

1. **建立选区**：分别选取柠檬、香蕉、梨和葡萄。
2. **选区编辑**：将水果移入餐具盘子内，合成图像。
3. **选区修饰**：调整水果的大小和角度。

将最终结果以 X1-1.psd 为文件名保存在考生文件夹中。

图 Y1-1 素材图像

1.2 第 2 题

【操作要求】

制作模拟水面倒影效果，如图 X1-2 所示。

图 X1-2 效果图

在考生文件夹中新建 X1-2 文件夹，将 C:\2008PS10\Unit1 目录中的 hill.jpg 和 boat.jpg 文件复制到 X1-2 文件夹中，并打开 hill.jpg 和 boat.jpg 文件，如图 Y1-2 所示。

1. **建立选区**：扩大画布，创建山景图像选区复制、向下翻转。
2. **选区编辑**：将复制的山景图像进行 50%不透明处理。
3. **选区修饰**：依照制作山景图像倒影的方法选择、移入合成小船图像。

将最终结果以 X1-2.psd 为文件名保存在考生文件夹中。

图 Y1-2 山景与小船素材

1.3　第3题

【操作要求】

制作连体效果，如图 X1-3 所示。

图 X1-3　效果图

在考生文件夹中新建 X1-3 文件夹，将 C:\2008PS10\Unit1 目录中的 text.jpg 文件复制到 X1-3 文件夹中，并打开 text.jpg 文件，如图 Y1-3 所示。

1. **建立选区**：选择要掩盖的图形部分并删除。
2. **选区编辑**：复制字母“A”部分区域掩盖图形。
3. **选区修饰**：修饰字母“A”与图形嵌套部分。

将最终结果以 X1-3.psd 为文件名保存在考生文件夹中。

图 Y1-3　字母与图形素材

1.4 第 4 题

【操作要求】

制作镜面着色效果，如图 X1-4 所示。

图 X1-4 效果图

在考生文件夹中新建 X1-4 文件夹，将 C:\2008PS10\Unit1 目录中的 car.jpg 和 clolr.jpg 文件复制到 X1-4 文件夹中，并打开 car.jpg 和 clolr.jpg 文件，如图 Y1-4 所示。

1. **建立选区**：选择汽车车窗部分。
2. **选区编辑**：将蓝色素材贴入车窗内。
3. **选区修饰**：用“消褪”功能调节蓝色的不透明度。

将最终结果以 X1-4.psd 为文件名保存在考生文件夹中。

图 Y1-4 汽车与蓝色素材

1.5　第 5 题

【操作要求】

合成图像，如图 X1-5 所示。

图 X1-5　效果图

在考生文件夹中新建 X1-5 文件夹，将 C:\2008PS10\Unit1 目录中的 he.jpg 和 chi.jpg 文件复制到 X1-5 文件夹中，并打开 he.jpg 和 chi.jpg 文件，如图 Y1-5 所示。

1．**建立选区**：选择并清除部分绿叶。

2．**选区编辑**：将绿叶图像移入池塘内，合成两幅图像。

3．**选区修饰**：制作绿叶投影。

将最终结果以 X1-5.psd 为文件名保存在考生文件夹中。

图 Y1-5　素材图像

1.6 第6题

【操作要求】

合成全景图像，如图 X1-6 所示。

图 X1-6 效果图

在考生文件夹中新建 X1-6 文件夹，将 C:\2008PS10\Unit1 目录中的 part1.jpg、part2.jpg 和 part3.jpg 文件复制到 X1-6 文件夹中，并打开 part1.jpg、part2.jpg 和 part3.jpg 文件，如图 Y1-6 所示。

1. **建立选区**：选择 3 张图像。
2. **选区编辑**：合并 3 幅图像成为一个完整的全景图像。
3. **选区修饰**：裁剪整理图像。

将最终结果以 X1-6.psd 为文件名保存在考生文件夹中。

图 Y1-6 素材图像

1.7 第 7 题

【操作要求】

合成图像，如图 X1-7 所示。

图 X1-7 效果图

在考生文件夹中新建 X1-7 文件夹，将 C:\2008PS10\Unit1 目录中的 soldier.jpg 和 explode.jpg 文件复制到 X1-7 文件夹中，并打开 soldier.jpg 和 explode.jpg 文件，如图 Y1-7 所示。

1．**建立选区**：选择部分爆炸图像。

2．**选区编辑**：对爆炸图像的选择部分羽化处理。

3．**选区修饰**：合成两幅图像。

将最终结果以 X1-7.psd 为文件名保存在考生文件夹中。

图 Y1-7 素材图像

1.8　第 8 题

【操作要求】

制作画框效果，如图 X1-8 所示。

图 X1-8　效果图

在考生文件夹中新建 X1-8 文件夹，将 C:\2008PS10\Unit1 目录中的 picture.jpg 文件复制到 X1-8 文件夹中，并打开 picture.jpg 文件，如图 Y1-8 所示。

1. **建立选区**：四周扩大画布 15 像素，创建空白边框选区。
2. **选区编辑**：填充图案，制作投影与内阴影。
3. **选区修饰**：制作多个不同图案画框（填充图案不限制）。

将最终结果以 X1-8.psd 为文件名保存在考生文件夹中。

图 Y1-8　素材图像

1.9　第 9 题

【操作要求】

制作倒影效果，如图 X1-9 所示。

图 X1-9　效果图

在考生文件夹中新建 X1-9 文件夹，将 C:\2008PS10\Unit1 目录中的 sundown.jpg 文件复制到 X1-9 文件夹中，并打开 sundown.jpg 文件，如图 Y1-9 所示。

1．**建立选区**：向下扩大画布，选择图像。

2．**选区编辑**：复制翻转图像。

3．**选区修饰**：调整复制图像的不透明度。

将最终结果以 X1-9.psd 为文件名保存在考生文件夹中。

图 Y1-9　素材图像

1.10 第 10 题

【操作要求】

制作造型，如图 X1-10 所示。

图 X1-10 效果图

新建宽高均为 400 像素、RGB 模式的新文件。

1. **建立选区**：创建直径为 265 像素的月牙形，填充深蓝色（#01147b），如图 Y1-10 所示。

2. **选区编辑**：继续制作粉色（#e300ff）、橙色（#ff7900）和绿色（#6a981c）椭圆形月牙。

3. **选区修饰**：组合月牙形状。

将最终结果以 X1-10.psd 为文件名保存在考生文件夹中。

图 Y1-10 基本图形

1.11　第 11 题

【操作要求】

制作造型，如图 X1-11 所示。

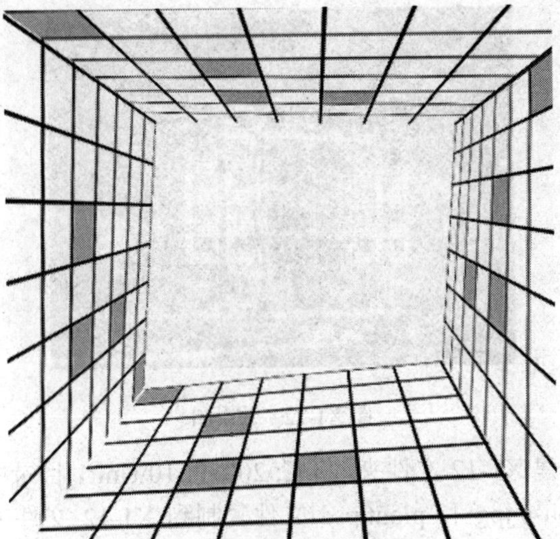

图 X1-11　效果图

新建宽高均为 380 像素、RGB 模式的新文件。

1. **建立选区**：创建单线选区，填充黑色，形成黑色线格，如图 Y1-11 所示。
2. **选区编辑**：将线格分别填充淡黄色（#fefef6）、橙黄色（#ffcf60）和绿色（#aacaa1）。
3. **选区修饰**：复制、变换组合成隧道形状。

将最终结果以 X1-11.psd 为文件名保存在考生文件夹中。

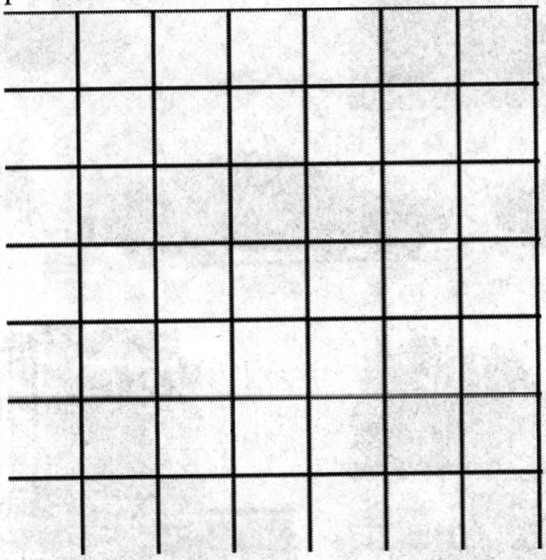

图 Y1-11　黑色线格

1.12　第 12 题

【操作要求】

制作建筑效果图，如图 X1-12 所示。

图 X1-12　效果图

在考生文件夹中新建 X1-12 文件夹，将 C:\2008PS10\Unit1 目录中的 sky.jpg、tower.psd、car.psd、people.psd、house.jpg 和 plant.psd 文件复制到 X1-12 文件夹中，并打开 sky.jpg、tower.psd、car.psd、people.psd、house.jpg 和 plant.psd 文件，如图 Y1-12 所示。

1．**建立选区**：选择并复制楼房和地面，将地面与楼房前后排列。

2．**选区编辑**：将天空、汽车、高楼、植物和人物合成于楼房效果图中。

3．**选区修饰**：调整物体大小和位置。

将最终结果以 X1-12.psd 为文件名保存在考生文件夹中。

图 Y1-12　素材图像

1.13 第 13 题

【操作要求】

制作蔬菜娃娃，如图 X1-13 所示。

图 X1-13 效果图

在考生文件夹中新建 X1-13 文件夹，将 C:\2008PS10\Unit1 目录中的 greens.jpg 文件复制到 X1-13 文件夹中，并打开 greens.jpg 文件，如图 Y1-13 所示。

1．**建立选区**：选择樱桃与胡萝片制作眼睛，雪里蕻作为眉毛。

2．**选区编辑**：猕猴桃作为嘴巴，选取果肉部分作为耳朵。

3．**选区修饰**：合成蝴蝶结与蘑菇帽。

将最终结果以 X1-13.psd 为文件名保存在考生文件夹中。

图 Y1-13 素材图像

1.14 第 14 题

【操作要求】

制作包装盒封签效果，如图 X1-14 所示。

图 X1-14 效果图

在考生文件夹中新建 X1-14 文件夹，将 C:\2008PS10\Unit1 目录中的 box.jpg 和 label.jpg 文件复制到 X1-14 文件夹中，并打开 box.jpg 和 label.jpg 文件，如图 Y1-14 所示。

1．**建立选区**：为封签制作圆角矩形选区，填充蓝灰色（#b0bfcf）。

2．**选区编辑**：变换封签形状与包装盒贴合。

3．**选区修饰**：制作封签的明暗区域。

将最终结果以 X1-14.psd 为文件名保存在考生文件夹中。

图 Y1-14 素材图像

1.15 第 15 题

【操作要求】

制作变换图形，如图 X1-15 所示。

图 X1-15 效果图

新建宽高均为 400 像素、RGB 模式的新文件。

1．**建立选区**：创建一个边长为 300 像素的正方形选区，描红色（#ff0000）边缘，如图 Y1-15 所示。

2．**选区编辑**：复制正方形，并将其长宽比例均缩减至 77%，且旋转 20°。

3．**选区修饰**：连续变换正方形形成旋转图案。

将最终结果以 X1-15.psd 为文件名保存在考生文件夹中。

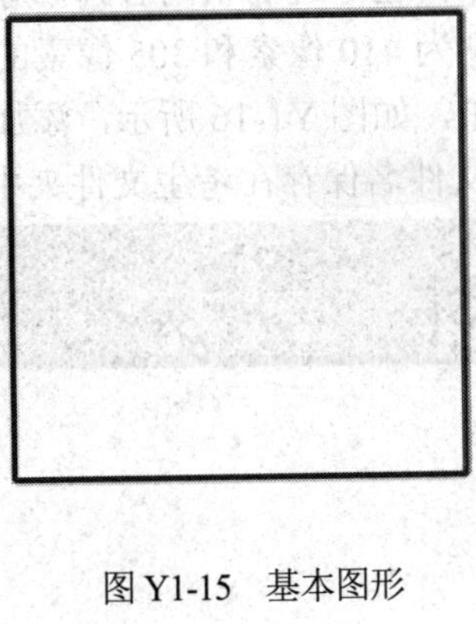

图 Y1-15 基本图形

1.16 第 16 题

【操作要求】

制作书写纸效果，如图 X1-16 所示。

图 X1-16 效果图

在考生文件夹中新建 X1-16 文件夹，将 C:\2008PS10\Unit1 目录中的 background.jpg 文件复制到 X1-16 文件夹中，并打开 background.jpg 文件。

1．**建立选区**：使用选区制作白色半透明状同心圆，分别放置在背景左上角与右上角。

2．**选区编辑**：制作高宽分别为 410 像素和 305 像素的矩形，填充白色，绘制线格。

3．**选区修饰**：制作装订环扣，如图 Y1-16 所示，添加纸张阴影。

将最终结果以 X1-16.psd 为文件名保存在考生文件夹中。

图 Y1-16 基本图形

1.17 第 17 题

【操作要求】

制作标志，如图 X1-17 所示。

图 X1-17 效果图

1．**建立选区**：制作直径为 200 像素的圆形，填充条状渐变（#2b40eb、#0b0da0），如图 Y1-17 所示。

2．**选区编辑**：选取宽高为 77×112 像素“门”，变换为“打开”状态。

3．**选区装饰**：由“门”里向外呈现透光效果。

将最终结果以 X1-17.psd 为文件名保存在考生文件夹中。

图 Y1-17 基本图形

1.18 第 18 题

【操作要求】

替换鸟图像背景，如图 X1-18 所示。

图 X1-18 效果图

在考生文件夹中新建 X1-18 文件夹，将 C:\2008PS10\Unit1 目录中的 bird.jpg 文件复制到 X1-18 文件夹中，并打开 bird.jpg 文件，如图 Y1-18 所示。

1. **建立选区**：使用抽出或快速选择工具建立鸟选区。
2. **选区编辑**：反向选区，删除背景。
3. **选区修饰**：填充背景为黑色。

将最终结果以 X1-18.psd 为文件名保存在考生文件夹中。

图 Y1-18 基本图形

1.19 第 19 题

【操作要求】

勾画简易树木效果，如图 X1-19 所示。

图 X1-19 效果图

新建宽高均为 280 像素、RGB 模式的新文件。

1．建立选区：使用多边形套索工具勾画基本图形，如图 Y1-19 所示。

2．选区编辑：填充黑色形成树的形状，复制三棵树木。

3．选区修饰：勾画杂物形成地面。

将最终结果以 X1-19.psd 为文件名保存在考生文件夹中。

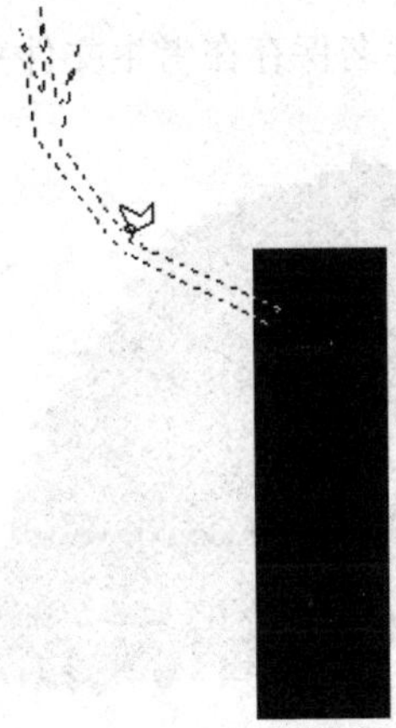

图 Y1-19 基本图形

1.20 第 20 题

【操作要求】

制作树叶变形效果，如图 X1-20 所示。

图 X1-20 效果图

在考生文件夹中新建 X1-20 文件夹，将 C:\2008PS10\Unit1 目录中的 leaf.jpg 文件复制到 X1-20 文件夹中，并打开 leaf.jpg 文件，树叶形状如图 Y1-20 所示。

1. **建立选区**：使用选择工具或选择命令创建树叶选区。
2. **选区编辑**：复制、变换、变形两片树叶，叶角分别向上翘和下垂。
3. **选区修饰**：添加树叶阴影。

将最终结果以 X1-20.psd 为文件名保存在考生文件夹中。

图 Y1-20 树叶素材

第二单元　图像调整

2.1　第 1 题

【操作要求】

将灰度图像转换为彩色效果，如图 X2-1 所示。

图 X2-1　效果图

在考生文件夹中新建 X2-1 文件夹，将 C:\2008PS10\Unit2 目录中的 guitarist.jpg 文件复制到 X2-1 文件夹中，并打开 guitarist.jpg 文件，如图 Y2-1 所示。

1．**编辑/调整**：选择人物的面部和手臂，进行皮肤着色（#c4813a）处理。

2．**色相/饱和度**：选择吉他，进行着木色（#c4813a）处理。

3．**亮度/对比度**：保持图像原有的明亮度与对比度。

将最终结果以 X2-1.psd 为文件名保存在考生文件夹中。

图 Y2-1　素材图像

2.2　第 2 题

【操作要求】

将头发转换颜色，如图 X2-2 所示。

图 X2-2　效果图

在考生文件夹中新建 X2-2 文件夹，将 C:\2008PS10\Unit2 目录中的 girl.jpg 复制到 X2-2 文件夹中，并打开 girl.jpg 文件，如图 Y2-2 所示。

1. **编辑/调整**：使用快速蒙版选择头发。
2. **色相/饱和度**：将头发进行着栗色（#8c07c3）处理。
3. **亮度/对比度**：使用图层混合柔光方式，保持图像原有的明亮度与对比度。

将最终结果以 X2-2.psd 为文件名保存在考生文件夹中。

图 Y2-2　素材图像

2.3　第3题

【操作要求】

将图像老旧化处理，如图 X2-3 所示。

图 X2-3　效果图

在考生文件夹中新建 X2-3 文件夹，将 C:\2008PS10\Unit2 目录中的 book.jpg 文件复制到 X2-3 文件夹中，并打开 book.jpg 文件，如图 Y2-3 所示。

1．**编辑/调整**：选择并去除书籍以外的背景并填充色彩（#b39970）。

2．**色相/饱和度**：将书籍及物品旧色处理。

3．**亮度/对比度**：调整图像明亮度与对比度。

将最终结果以 X2-3.psd 为文件名保存在考生文件夹中。

图 Y2-3　素材图像

2.4　第 4 题

【操作要求】

调整校正照片，如图 X2-4 所示。

图 X2-4　效果图

在考生文件夹中新建 X2-4 文件夹，将 C:\2008PS10\Unit2 目录中的 flower.jpg 文件复制到 X2-4 文件夹中，并打开 flower.jpg 文件，如图 Y2-4 所示。

1. **编辑/调整**：将图像转换为 RGB 模式。
2. **色相/饱和度**：调整图像饱和度。
3. **亮度/对比度**：参照效果图适当调整阴影和高光。

将最终结果以 X2-4.psd 为文件名保存在考生文件夹中。

图 Y2-4　素材图像

2.5　第 5 题

【操作要求】

将包装瓶换色处理，如图 X2-5 所示。

图 X2-5　效果图

在考生文件夹中新建 X2-5 文件夹，将 C:\2008PS10\Unit2 目录中的 rainbath.jpg 文件复制到 X2-5 文件夹中，并打开 rainbath.jpg 文件，如图 Y2-5 所示。

1. **编辑/调整**：选择蓝色瓶子。
2. **色相/饱和度**：将蓝色替换成绿色（#51ad1a）。
3. **亮度/对比度**：调整图像明亮度。

将最终结果以 X2-5.psd 为文件名保存在考生文件夹中。

图 Y2-5　素材图像

2.6　第 6 题

【操作要求】

校正曝光不足的照片，如图 X2-6 所示。

图 X2-6　效果图

在考生文件夹中新建 X2-6 文件夹，将 C:\2008PS10\Unit2 目录中的 canna(CMYK).jpg 文件复制到 X2-6 文件夹中，并打开 canna(CMYK).jpg 文件，如图 Y2-6 所示。

1．**编辑/调整**：将图像转换为 RGB 模式。

2．**色相/饱和度**：调整图像饱和度。

3．**亮度/对比度**：调整图像明亮度。

将最终结果以 X2-6.psd 为文件名保存在考生文件夹中。

图 Y2-6　素材图像

2.7　第 7 题

【操作要求】

校正花朵照片，如图 X2-7 所示。

图 X2-7　效果图

在考生文件夹中新建 X2-7 文件夹，将 C:\2008PS10\Unit2 目录中的 orchid(CMYK).jpg 文件复制到 X2-7 文件夹中，并打开 orchid(CMYK).jpg 文件，如图 Y2-7 所示。

1．**编辑/调整**：转换图像模式为 RGB。

2．**色相/饱和度**：替换黄色花蕊为红色（#f61c2d）。

3．**亮度/对比度**：调整图像明亮度和对比度。

将最终结果以 X2-7.psd 为文件名保存在考生文件夹中。

图 Y2-7　素材图像

2.8　第 8 题

【操作要求】

制作变色造型，如图 X2-8 所示。

图 X2-8　效果图

新建宽高为 200 像素、RGB 模式的新文件。

1．**编辑/调整**：创建一个红色（#ff0000）矩形，如图 Y2-8 所示。

2．**色相/饱和度**：复制矩形，宽高缩小 95%，旋转 5°；调整色相为 5。

3．**亮度/对比度**：继续同样的动作形成变色造型，调整色调。

将最终结果以 X2-8.psd 为文件名保存在考生文件夹中。

图 Y2-8　基本造型

2.9　第9题

【操作要求】

变换人物头部，如图 X2-9 所示。

图 X2-9　效果图

在考生文件夹中新建 X2-9 文件夹，将 C:\2008PS10\Unit2 目录中的 man.jpg 和 old.jpg 文件复制到 X2-9 文件夹中，并打开 man.jpg 和 old.jpg 文件，如图 Y2-9 所示。

1. **编辑/调整**：选择老者头部，移入年轻人头部覆盖，调整至合适的尺寸和位置。
2. **色相/饱和度**：使用“匹配颜色”命令调整、合成色调。
3. **亮度/对比度**：调整亮度。

将最终结果以 X2-9.psd 为文件名保存在考生文件夹中。

图 Y2-9　素材图像

2.10 第 10 题

【操作要求】

校正照片的偏色，如图 X2-10 所示。

图 X2-10 效果图

在考生文件夹中新建 X2-10 文件夹，将 C:\2008PS10\Unit2 目录中的 girl1.jpg 文件复制到 X2-10 文件夹中，并打开 girl1.jpg 文件，如图 Y2-10 所示。

1. **编辑/调整**：调整色阶。
2. **色相/饱和度**：调整偏色通道。
3. **亮度/对比度**：可选颜色调整。

将最终结果以 X2-10.psd 为文件名保存在考生文件夹中。

图 Y2-10 素材图像

2.11　第 11 题

【操作要求】

匹配花朵颜色，如图 X2-11 所示。

图 X2-11　效果图

在考生文件夹中新建 X2-11 文件夹，将 C:\2008PS10\Unit2 目录中的 rose(index).gif 和 mun(index).gif 文件复制到 X2-11 文件夹中，并打开 rose(index).gif 和 mun(index).gif 文件，如图 Y2-11 所示。

1. **编辑/调整**：转换图像为 RGB 模式。
2. **色相/饱和度**：使用“匹配颜色”命令改变白菊颜色为红色。
3. **亮度/对比度**：调整亮度。

将最终结果以 X2-11.psd 为文件名保存在考生文件夹中。

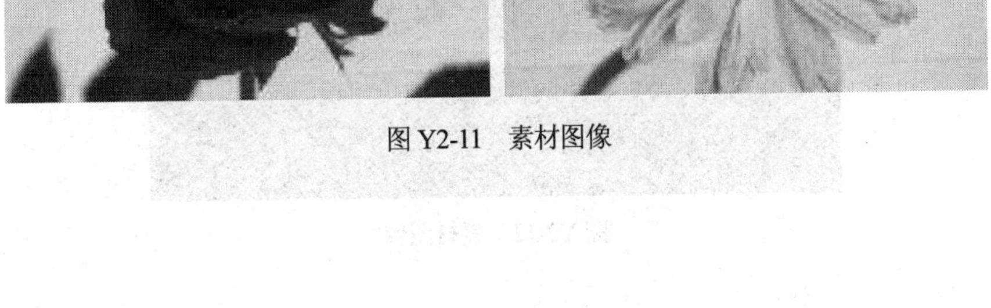

图 Y2-11　素材图像

2.12 第 12 题

【操作要求】

将图像由橙黄色调改变为绛红色调，如图 X2-12 所示。

图 X2-12 效果图

在考生文件夹中新建 X2-12 文件夹，将 C:\2008PS10\Unit2 目录中的 sunrise(index).gif 文件复制到 X2-12 文件夹中，并使用 Photoshop CS3 并打开 sunrise(index).gif 文件，如图 Y2-12 所示。

1. **编辑/调整**：转换图像为 RGB 模式。
2. **色相/饱和度**：使用“照片滤镜”命令变换色相。
3. **亮度/对比度**：调整亮度。

将最终结果以 X2-12.psd 为文件名保存在考生文件夹中。

图 Y2-12 素材图像

2.13　第 13 题

【操作要求】

将刚熄灭的蚊香重新点燃，如图 X2-13 所示。

图 X2-13　效果图

在考生文件夹中新建 X2-13 文件夹，将 C:\2008PS10\Unit2 目录中的 herb.jpg 文件复制到 X2-13 文件夹中，并打开 herb.jpg 文件，如图 Y2-13 所示。

1. **编辑/调整**：选择两段蚊香头。
2. **色相/饱和度**：调整色相呈燃烧红色（#da8775）和烟灰色（#95969a、#d4d2d7）。
3. **亮度/对比度**：调整亮度和对比度。

将最终结果以 X2-13.psd 为文件名保存在考生文件夹中。

图 Y2-13　素材图像

2.14　第 14 题

【操作要求】

校正调整图片使其清晰化，如图 X2-14 所示。

图 X2-14　效果图

在考生文件夹中新建 X2-14 文件夹，将 C:\2008PS10\Unit2 目录中的 grass (CMYK).jpg 文件复制到 X2-14 文件夹中，并打开 grass (CMYK).jpg 文件，如图 Y2-14 所示。

1．**编辑/调整**：转换图像模式为 RGB。

2．**色相/饱和度**：调整色阶。

3．**亮度/对比度**：调整亮度。

将最终结果以 X2-14.psd 为文件名保存在考生文件夹中。

图 Y2-14　素材图像

2.15　第 15 题

【操作要求】

制作繁星点点的夜光效果，如图 X2-15 所示。

图 X2-15　效果图

在考生文件夹中新建 X2-15 文件夹，将 C:\2008PS10\Unit2 目录中的 crosse.jpg 文件复制到 X2-15 文件夹中，并打开 crosse.jpg 文件，如图 Y2-15 所示。

1．**编辑/调整**：选择天空。

2．**色相/饱和度**：将图像黑白处理，将天空填充渐变色（#321FF7、#FFB98E）。

3．**亮度/对比度**：添加繁星效果，调整色调。

将最终结果以 X2-15.psd 为文件名保存在考生文件夹中。

图 Y2-15　素材图像

2.16 第 16 题

【操作要求】

制作夜景效果，如图 X2-16 所示。

图 X2-16 效果图

在考生文件夹中新建 X2-16 文件夹，将 C:\2008PS10\Unit2 目录中的 tower.jpg 文件复制到 X2-16 文件夹中，并打开 tower.jpg 文件，如图 Y2-16 所示。

1. **编辑/调整**：图层底部截取处理。
2. **色相/饱和度**：调整图像色相由黄昏变为夜景。
3. **亮度/对比度**：截去图像顶部部分背景，调整对比度。

将最终结果以 X2-16.psd 为文件名保存在考生文件夹中。

图 Y2-16 素材图像

2.17　第 17 题

【操作要求】

数码处理偏色照片，如图 X2-17 所示。

图 X2-17　效果图

在考生文件夹中新建 X2-17 文件夹，将 C:\2008PS10\Unit2 目录中的 cat.jpg 文件复制到 X2-17 文件夹中，并打开 cat.jpg 文件，如图 Y2-17 所示。

1．**编辑/调整**：创建五官图层柔光混合，增加饱和度。

2．**色相/饱和度**：使用“照片滤镜”（冷却滤镜 82）命令处理。

3．**亮度/对比度**：对皮毛区域色阶做白场处理，增强亮度。

将最终结果以 X2-17.psd 为文件名保存在考生文件夹中。

图 Y2-17　素材图像

2.18 第 18 题

【操作要求】

调整图像色调，如图 X2-18 所示。

图 X2-18 效果图

在考生文件夹中新建 X2-18 文件夹，将 C:\2008PS10\Unit2 目录中的 tree(CMYK).jpg 文件复制到 X2-18 文件夹中，并打开 tree(CMYK).jpg 文件，如图 Y2-18 所示。

1. **编辑/调整**：转换图像模式为 RGB。
2. **色相/饱和度**：调整图像为黑白效果。
3. **亮度/对比度**：填充渐变色（#fa01bd、#f9d706）背景。

将最终结果以 X2-18.psd 为文件名保存在考生文件夹中。

图 Y2-18 素材图像

2.19　第 19 题

【操作要求】

调整图像色调，如图 X2-19 所示。

图 X2-19　效果图

在考生文件夹中新建 X2-19 文件夹，将 C:\2008PS10\Unit2 目录中的 leaf.jpg 文件复制到 X2-19 文件夹中，并打开 leaf.jpg 文件，如图 Y2-19 所示。

1．**编辑/调整**：将图像调整为黑白效果。

2．**色相/饱和度**：去除建筑物，填充渐变色（#fcad51、#fc6a05）背景。

3．**亮度/对比度**：装饰飞鸟、夕阳，添加文字“SAFARI SKIES”，调整对比度。

将最终结果以 X2-19.psd 为文件名保存在考生文件夹中。

图 Y2-19　素材图像

2.20 第 20 题

【操作要求】

调整葡萄色泽，如图 X2-20 所示。

图 X2-20 效果图

在考生文件夹中新建 X2-20 文件夹，将 C:\2008PS10\Unit2 目录中的 grape.jpg 文件复制到 X2-20 文件夹中，并打开 grape.jpg 文件，如图 Y2-20 所示。

1. **编辑/调整**：选取左侧第一串葡萄。
2. **色相/饱和度**：使用“色阶”调整图像的黑、灰和白场。
3. **亮度/对比度**：调整图像明亮度与对比度，增加图像光泽度。

将最终结果以 X2-20.psd 为文件名保存在考生文件夹中。

图 Y2-20 素材图像

第三单元　点阵绘画

3.1　第 1 题

【操作要求】

绘制草丛效果，如图 X3-1 所示。

图 X3-1　效果图

在考生文件夹中新建 X3-1 文件夹，将 C:\2008PS10\Unit3 目录中的 tiger.jpg 文件复制到 X3-1 文件夹中，并打开 tiger.jpg 文件，如图 Y3-1 所示。

1．**定义画笔或绘制草图：** 设置绿色（#76b180）、渐隐的画笔。

2．**绘画涂抹：** 在图像内由下向上涂抹出草丛效果。

3．**图像修饰：** 修饰深绿色（#39593e）背景。

将最终结果以 X3-1.psd 为文件名保存在考生文件夹中。

图 Y3-1　素材图像

3.2 第 2 题

【操作要求】

绘制玻璃杯水彩效果，如图 X3-2 所示。

图 X3-2 效果图

在考生文件夹中新建 X3-2 文件夹，将 C:\2008PS10\Unit3 目录中的 cup.jpg 文件复制到 X3-2 文件夹中，并打开 cup.jpg 文件，如图 Y3-2 所示。

1．定义画笔或绘制草图：使用橡皮和模糊工具涂抹杯口，产生高光和暗调区域，呈现半透明状。

2．绘画涂抹：使用灰色（#a8a4b2）绘画、涂抹出玻璃杯身的半透明效果。

3．图像修饰：使用黑色或深绿色（#223c2e、#371b67）涂抹杯底的暗区，用白色涂抹高光反射点。

将最终结果以 X3-2.psd 为文件名保存在考生文件夹中。

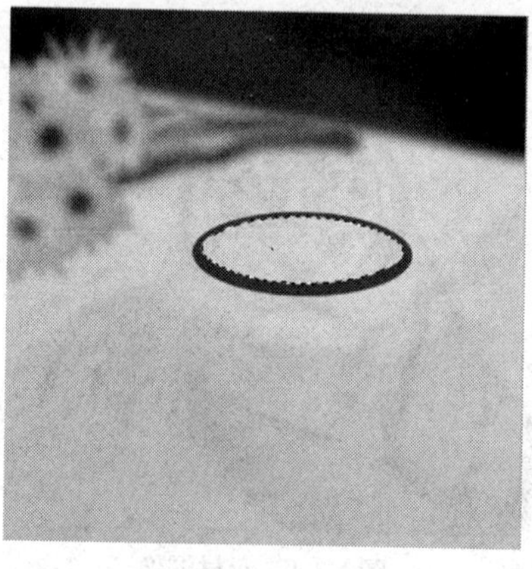

图 Y3-2 素材图像

3.3　第3题

【操作要求】

绘制草地和天空效果，如图 X3-3 所示。

图 X3-3　效果图

新建宽高为 300×338 像素、RGB 模式的新文件。

1．**定义画笔或绘制草图：**设置蓝色（R0、G174、B255）画笔，绘画蓝天和白云，如图 Y3-3 所示。

2．**绘画涂抹：**使用绿色（R7、G105、B2）和深绿色（R10、G106、B2）绘画草地。

3．**图像修饰：**添加些杂黄色（#819532、#92b557）的草丛。

将最终结果以 X3-3.psd 为文件名保存在考生文件夹中。

图 Y3-3　绘画蓝天白云

3.4　第 4 题

【操作要求】

绘画山地效果，如图 X3-4 所示。

图 X3-4　效果图

新建一个宽高为 500×500 像素大小的文件。

1．**定义画笔或绘制草图**：选择“透明条纹”渐变，设置黄色（#fceaac），制作太阳光线效果。

2．**绘画涂抹**：在底部绘画绿色（#51bf86、#009c4b）的山地轮廓，如图 Y3-4 所示。

3．**图像修饰:**：绘制深褐色（#77513d）近景松树和远处的绿色松树。

将最终结果以 X3-4.psd 为文件名保存在考生文件夹中。

图 Y3-4　山地轮廓

3.5　第 5 题

【操作要求】

绘制球体效果，如图 X3-5 所示。

图 X3-5　效果图

新建宽高为 250×300 像素、RGB 模式的新文件。

1．定义画笔或绘制草图：绘制一个直径为 185 像素的红色（#f80605）圆形，如图 Y3-5 所示。

2．绘画涂抹：选用柔边喷枪大画笔绘制球体左中部高光和四周暗光区。

3．图像修饰：涂抹右下部边缘反光区产生立体效果，添加黑至灰色的渐变背景。

将最终结果以 X3-5.psd 为文件名保存在考生文件夹中。

图 Y3-5　基本图形

3.6 第 6 题

【操作要求】

绘制白云，如图 X3-6 所示。

图 X3-6　效果图

在考生文件夹中新建 X3-6 文件夹，将 C:\2008PS10\Unit3 目录中的 plane.jpg 文件复制到 X3-6 文件夹中，并打开 plane.jpg 文件，如图 Y3-6 所示。

1．**定义画笔或绘制草图**：绘制从#304971 至#7e9cb4 渐变背景。

2．**绘画涂抹**：载入 C:\2008PS10\Unit3\clouds.abr 画笔，绘画白云。

3．**图像修饰**：添加白云层次、阴影和流线。

将最终结果以 X3-6.psd 为文件名保存在考生文件夹中。

图 Y3-6　素材图像

3.7　第 7 题

【操作要求】

绘画木板效果，如图 X3-7 所示。

图 X3-7　效果图

在考生文件夹中新建 X3-7 文件夹，将 C:\2008PS10\Unit3 目录中的 wood.jpg 文件复制到 X3-7 文件夹中，并打开 wood.jpg 文件，如图 Y3-7 所示。

1．**定义画笔或绘制草图**：提取色彩。

2．**绘画涂抹**：描绘木板纹理，细化断裂和缺口效果。

3．**图像修饰**：用较明亮的色彩表现亮光区，用较暗的笔刷表现阴暗区域。

将最终结果以 X3-7.psd 为文件名保存在考生文件夹中。

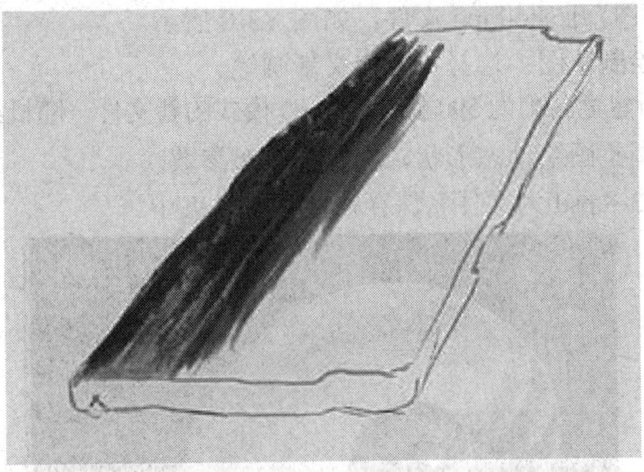

图 Y3-7　素材图像

3.8 第 8 题

【操作要求】

绘制贝壳效果，如图 X3-8 所示。

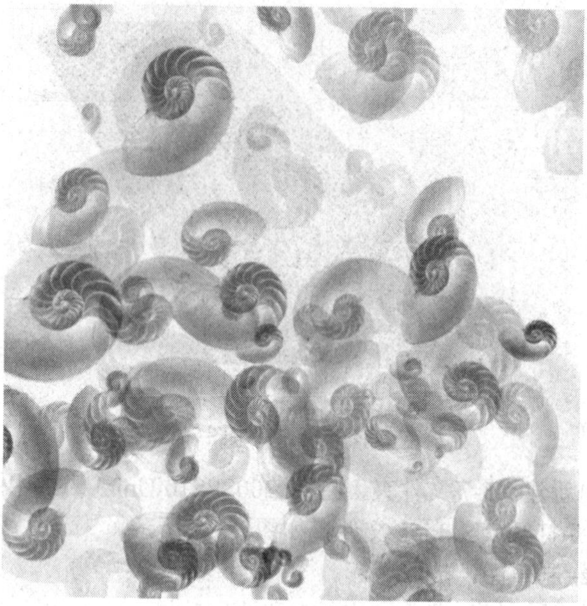

图 X3-8 效果图

在考生文件夹中新建 X3-8 文件夹，将 C:\2008PS10\Unit3 目录中的 shell.jpg 文件复制到 X3-8 文件夹中，并打开 shell.jpg 文件，如图 Y3-8 所示。

1．**定义画笔或绘制草图**：选择贝壳定义新画笔。

2．**绘画涂抹**：新建宽高均为 590 像素、RGB 模式的新文件。随机绘画彩色贝壳。

3．**图像修饰**：调整画笔动态形状、颜色和散布参数。

将最终结果以 X3-8.psd 为文件名保存在考生文件夹中。

图 Y3-8 素材图像

3.9　第 9 题

【操作要求】

绘制火苗效果，如图 X3-9 所示。

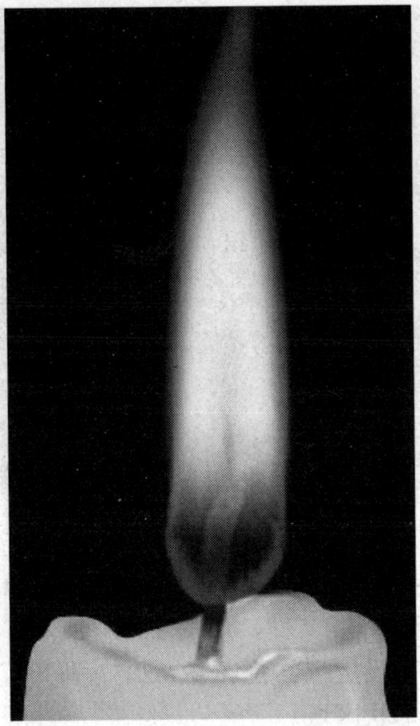

图 X3-9　效果图

在考生文件夹中新建 X3-9 文件夹，将 C:\2008PS10\Unit3 目录中的 candle.jpg 文件复制到 X3-9 文件夹中，并打开 candle.jpg 文件，如图 Y3-9 所示。

1．**定义画笔或绘制草图**：选择并编辑渐变（橙—黄—橙）。

2．**绘画涂抹**：绘制渐变，变形处理形成火苗。

3．**图像修饰**：绘制底部蓝色火焰。

将最终结果以 X3-9.psd 为文件名保存在考生文件夹中。

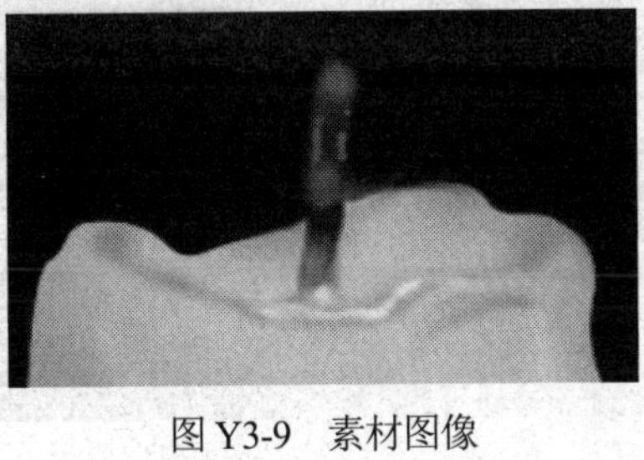

图 Y3-9　素材图像

3.10 第 10 题

【操作要求】

绘制伤口效果，如图 X3-10 所示。

图 X3-10　效果图

在考生文件夹中新建 X3-10 文件夹，将 C:\2008PS10\Unit3 目录中的 face.jpg 文件复制到 X3-10 文件夹中，并打开 face.jpg 文件，如图 Y3-10 所示。

1．**定义画笔或绘制草图：** 设定褐红色（#530205）画笔。

2．**绘画涂抹：** 涂绘伤口形状区域。

3．**图像修饰：** 修饰伤口血液流淌效果。

将最终结果以 X3-10.psd 为文件名保存在考生文件夹中。

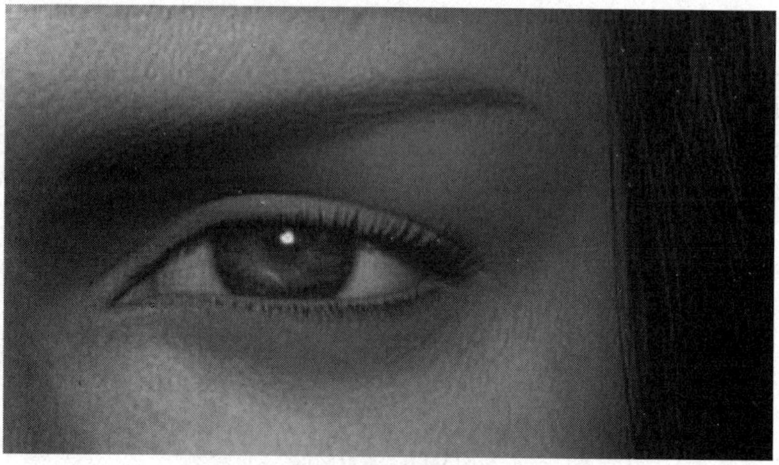

图 Y3-10　素材图像

3.11　第 11 题

【操作要求】

绘制玫瑰花，如图 X3-11 所示。

图 X3-11　效果图

新建宽高均为 400 像素、RGB 模式的新文件。

1．**定义画笔或绘制草图**：设定红色画笔绘制花瓣形状，较小黑色画笔绘制阴影，如图 Y3-11 所示。

2．**绘画涂抹**：对花瓣进行变形、复制、涂抹并叠放形成花朵，绘制黄色花蕊。

3．**图像修饰**：绘制深绿色（#165303）花茎和叶片，添加背景。

将最终结果以 X3-11.psd 为文件名保存在考生文件夹中。

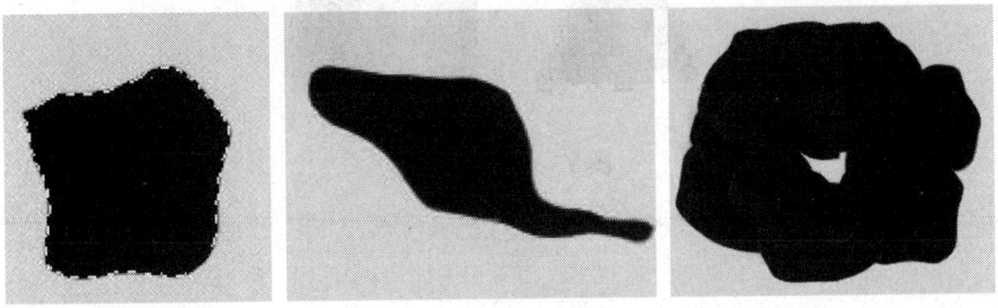

图 Y3-11　基本变形

3.12　第 12 题

【操作要求】

绘制铅笔，如图 X3-12 所示。

图 X3-12　效果图

新建宽高均为 265 像素、RGB 模式的新文件。

1．**定义画笔或绘制草图**：选择“铜色”渐变，绘制、变形成铅笔木质部分。

2．**绘画涂抹**：绘制渐变，去色、变形成铅笔头，如图 Y3-12 所示。

3．**图像修饰**：选择“黄紫橙蓝色”渐变，绘制铅笔杆。

将最终结果以 X3-12.psd 为文件名保存在考生文件夹中。

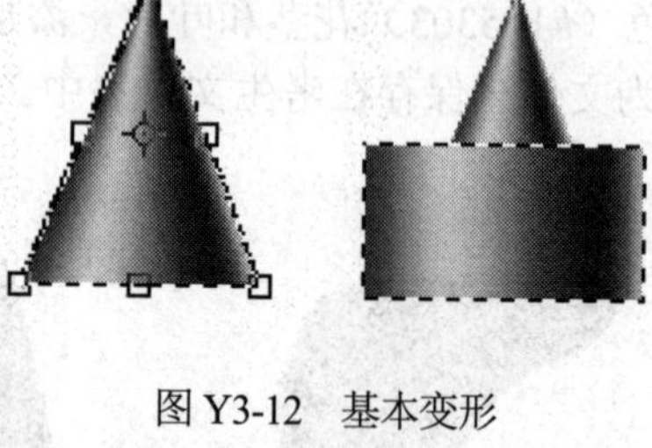

图 Y3-12　基本变形

3.13 第 13 题

【操作要求】

绘制彩虹效果，如图 X3-13 所示。

图 X3-13 效果图

新建宽高为 475×311 像素、RGB 模式的新文件。

1. **定义画笔或绘制草图：新建图层**，选择彩虹渐变，设置叠加模式和不透明度。
2. **绘画涂抹：** 使用光谱（spectrum）渐变绘制彩虹效果。
3. **图像修饰：** 合成 C:\2008PS10\Unit3\villa.jpg 背景图像，如图 Y3-13 所示。

将最终结果以 X3-13.psd 为文件名保存在考生文件夹中。

图 Y3-13 素材图像

3.14　第 14 题

【操作要求】

绘制蜡笔画效果，如图 X3-14 所示。

图 X3-14　效果图

新建宽高为 250×290 像素、RGB 模式的新文件。

1．**定义画笔或绘制草图**：设置绿色（#dbf9ef）的“炭纸蜡笔画”纹理画笔，如图 Y3-14 所示。

2．**绘画涂抹**：绘制 5 个蜡笔效果花朵。

3．**图像修饰**：使用同样纹理图案和颜色、柔光模式填充成背景。

将最终结果以 X3-14.psd 为文件名保存在考生文件夹中。

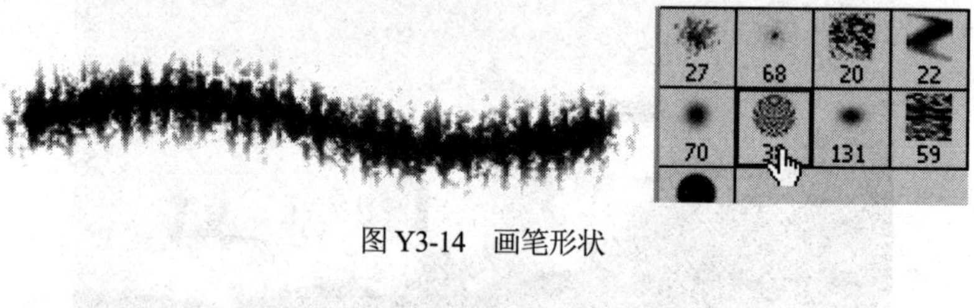

图 Y3-14　画笔形状

3.15　第 15 题

【操作要求】

绘制幼苗，如图 X3-15 所示。

图 X3-15　效果图

在考生文件夹中新建 X3-15 文件夹，将 C:\2008PS10\Unit3 目录中的 hand.jpg 文件复制到 X3-15 文件夹中，并打开 hand.jpg 文件，如图 Y3-15 所示。

1．**定义画笔或绘制草图**：复制并对称拼合手图像。

2．**绘画涂抹**：绘制小苗根部、根须和茎（#70503b）。

3．**图像修饰**：绘制树叶（#418200、#6bac2c、#a3f451）。

将最终结果以 X3-15.psd 为文件名保存在考生文件夹中。

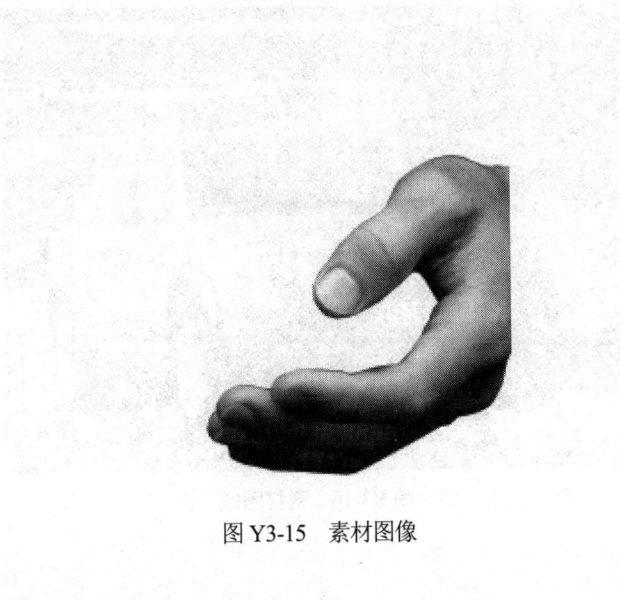

图 Y3-15　素材图像

3.16　第 16 题

【操作要求】

绘制灯光效果，如图 X3-16 所示。

图 X3-16　效果图

在考生文件夹中新建 X3-16 文件夹，将 C:\2008PS10\Unit3 目录中的 car1.jpg 文件复制到 X3-16 文件夹中，并打开 car1.jpg 文件，如图 Y3-16 所示。

1．**定义画笔或绘制草图**：设置较大些的白色柔和画笔。

2．**绘画涂抹**：绘制汽车灯光和照亮区域。

3．**图像修饰**：调整图像亮度和对比度。

将最终结果以 X3-16.psd 为文件名保存在考生文件夹中。

图 Y3-16　素材图像

3.17 第 17 题

【操作要求】

绘制条形码，如图 X3-17 所示。

图 X3-17 效果图

新建宽高为 340×250 像素、RGB 模式的新文件。

1．**定义画笔或绘制草图：**设置硬边小铅笔，随机点画大小、深浅不同的黑点。

2．**绘画涂抹：**多次单行选择拉长变形，形成条码，如图 Y3-17 所示。

3．**图像修饰：**添加条码数字。

将最终结果以 X3-17.psd 为文件名保存在考生文件夹中。

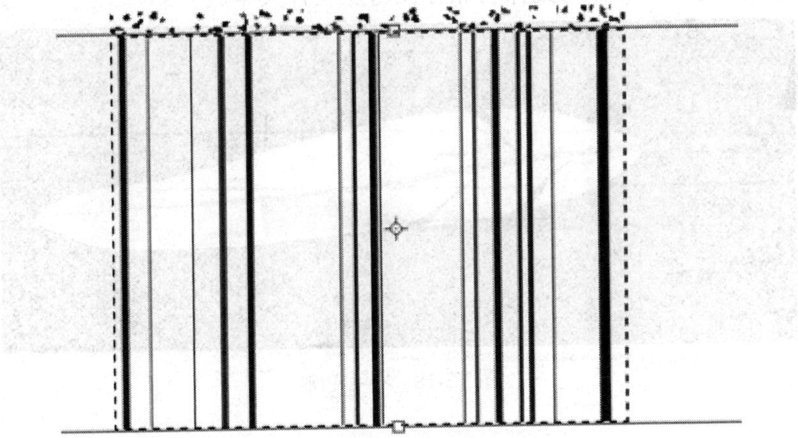

图 Y3-17 基本形状

3.18　第 18 题

【操作要求】

绘制羽毛效果，如图 X3-18 所示。

图 X3-18　效果图

在考生文件夹中新建 X3-18 文件夹，将 C:\2008PS10\Unit3 目录中的 feather.jpg 文件复制到 X3-18 文件夹中，并打开 feather.jpg 文件，如图 Y3-18 所示。

1．**定义画笔或绘制草图**：绘画长宽约为 725×110 像素的白色羽毛轮廓。

2．**绘画涂抹**：描绘灰色羽梗、裂口和边缘绒毛等。

3．**图像修饰**：添加黑（#000000）至白（#ffffff）渐变背景。

将最终结果以 X3-18.psd 为文件名保存在考生文件夹中。

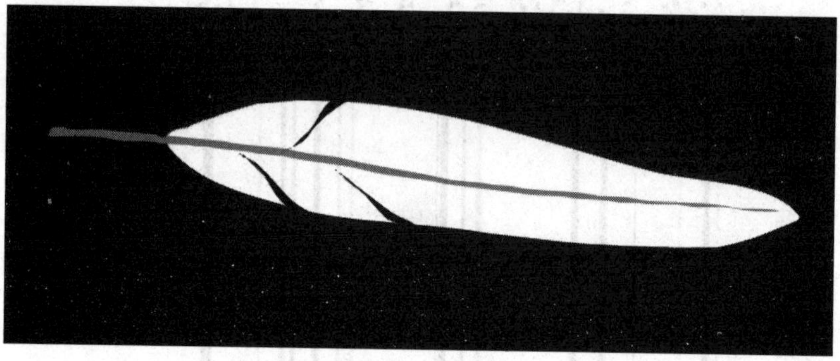

图 Y3-18　羽毛轮廓

3.19 第 19 题

【操作要求】

绘制写意自行车，如图 X3-19 所示。

图 X3-19 效果图

新建一个宽高为 275×222 像素、RGB 模式的新文件。

1．**定义画笔或绘制草图**：设定画笔选项，如图 3-19 所示，车轮直径约为 100 像素。

2．**绘画涂抹**：设置笔触的形状、大小和颜色，绘制自行车效果。

3．**图像修饰**：添加深绿色车轮印迹（#086634）、深紫色车轮（#301042）、青黄色车轮辐条（#c7d381）、深蓝色车架（#344c8a）、橙色脚踏（#ff8333）、红色车座（#d00d2b）、深红色车把（#b6377a）。

将最终结果以 X3-19.psd 为文件名保存在考生文件夹中。

图 3-19 笔触效果

3.20 第 20 题

【操作要求】

制作水滴溅出效果，如图 X3-20 所示。

X3-20 效果图

新建宽高为 400×300 像素、RGB 模式的新文件。

1. **定义画笔或绘制草图**：设置柔和、白色、半透明度的小画笔。
2. **绘画涂抹**：在小圆形选区内涂抹水珠的高光区和反射区，如图 Y3-20 所示。
3. **图像修饰**：复制变形水珠，合成 C:\2008PS10\Unit3\water.jpg 背景图像。

将最终结果以 X3-20.psd 为文件名保存在考生文件夹中。

图 Y3-20 绘制水珠和背景素材图像

第四单元　图像修饰

4.1　第 1 题

【操作要求】

涂绘哈蜜瓜瓤口，如图 X4-1 所示。

图 X4-1　效果图

在考生文件夹中新建 X4-1 文件夹，将 C:\2008PS10\Unit4 目录中的 cantaloup.jpg 文件复制到 X4-1 文件夹中，并打开 cantaloup.jpg 文件，如图 Y4-1 所示。

1．**涂绘修补**：建立哈蜜瓜瓤口区域。

2．**图像修饰**：使用加深工具涂抹哈蜜瓜瓤口左上区域、减淡工具涂抹右下区域；使用加深工具涂抹瓜肉右下区域、减淡工具涂抹左上区域；形成左上光源的立体效果。

3．**编辑修复**：模糊修复瓤口边缘，绘画半透明白色的水分反光点。

将最终结果以 X4-1.psd 为文件名保存在考生文件夹中。

图 Y4-1　素材图像

4.2　第2题

【操作要求】

涂绘西红柿，如图 X4-2 所示。

图 X4-2　效果图

在考生文件夹中新建 X4-2 文件夹，将 C:\2008PS10\Unit4 目录中的 tomato.jpg 文件复制到 X4-2 文件夹中，并打开 tomato.jpg 文件，如图 Y4-2 所示。

1．**涂绘修补**：在顶部涂绘白色柔光、擦淡形成高光。

2．**图像修饰**：用暗红色（R189、G50、B13）涂绘、擦淡、局部加深工具与减淡工具处理顶部形成结蒂阴影。

3．**编辑修复**：涂绘水珠与西红柿阴影。

将最终结果以 X4-2.psd 为文件名保存在考生文件夹中。

图 Y4-2　素材图像

4.3 第3题

【操作要求】

涂绘橙子，如图 X4-3 所示。

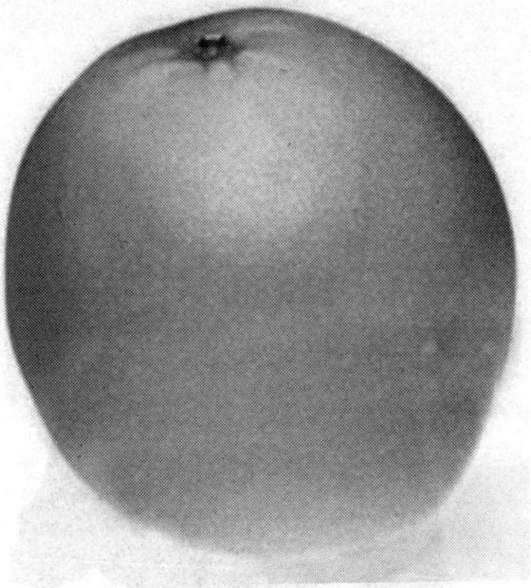

图 X4-3 效果图

在考生文件夹中新建 X4-3 文件夹，将 C:\2008PS10\Unit4 目录中的 orange.jpg 文件复制到 X4-3 文件夹中，并打开 orange.jpg 文件，如图 Y4-3 所示。

1．**涂绘修补：**擦亮顶部高光和底部反光区域，加深背光区域并涂抹反光颜色。

2．**图像修饰：**涂绘棕绿色（#397704）橙子柄处，用加深和减淡工具涂抹形成结蒂。

3．**编辑修复：**用减淡工具和加深工具涂抹顶部，在结蒂四周形成起伏的褶皱。

将最终结果以 X4-3.psd 为文件名保存在考生文件夹中。

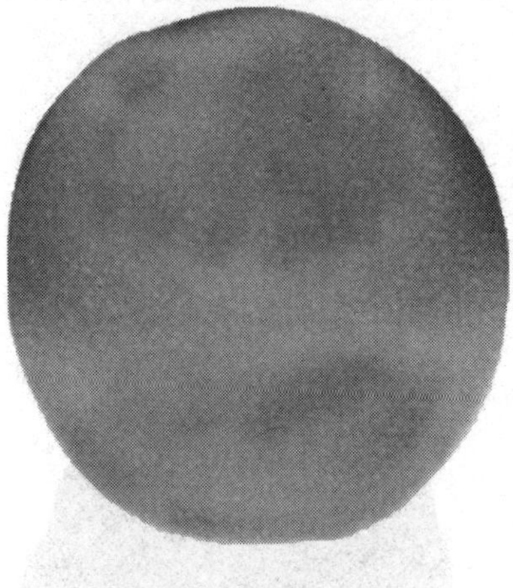

图 Y4-3 素材图像

4.4 第 4 题

【操作要求】

涂绘衣服褶皱，如图 X4-4 所示。

图 X4-4 效果图

在考生文件夹中新建 X4-4 文件夹，将 C:\2008PS10\Unit4 目录中的 doll.jpg 文件复制到 X4-4 文件夹中，并打开 doll.jpg 文件，如图 Y4-4 所示。

1．**涂绘修补**：选取比衣服较深些同色系颜色，绘画衣服褶皱处的基本线条。

2．**图像修饰**：将褶皱线条向外柔化、低压力地延伸涂抹。

3．**编辑修复**：使用加深工具对褶皱凹处暗化，使用减淡工具依着褶皱的纹路走向对褶皱凸起和平滑处提亮修复处理。

将最终结果以 X4-4.psd 为文件名保存在考生文件夹中。

图 Y4-4 素材图像

4.5 第5题

【操作要求】

绘制蛋壳，如图 X4-5 所示。

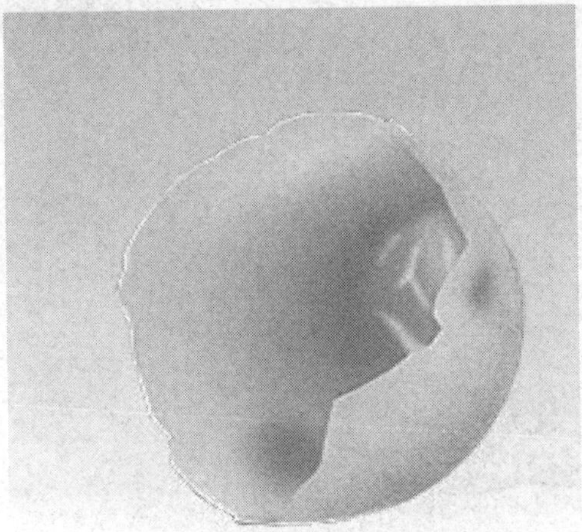

图 X4-5 效果图

在考生文件夹中新建 X4-5 文件夹，将 C:\2008PS10\Unit4 目录中的 eggshell.jpg 文件复制到 X4-5 文件夹中，并打开 eggshell.jpg 文件，如图 Y4-5 所示。

1. **涂绘修补**：用加深与减淡工具涂绘蛋壳外表面的高光与暗区。

2. **图像修饰**：用加深与减淡工具涂抹蛋壳内面高光。

3. **编辑修复**：在蛋壳内侧底部绘画蛋膜（R234、G226、B225）的淡灰色，绘画和模糊修复出白色高光。

将最终结果以 X4-5.psd 为文件名保存在考生文件夹中。

图 Y4-5 素材图像

4.6 第 6 题

【操作要求】

绘制蛋清，如图 X4-6 所示。

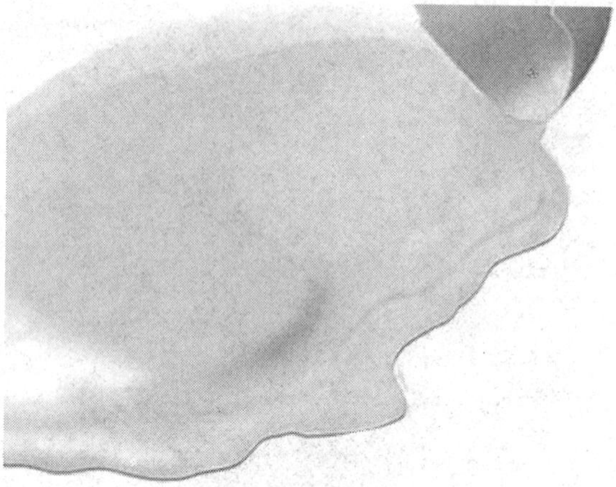

图 X4-6 效果图

在考生文件夹中新建 X4-6 文件夹，将 C:\2008PS10\Unit4 目录中的 eggwater.jpg 文件复制到 X4-6 文件夹中，并打开 eggwater.jpg 文件，如图 Y4-6 所示。

1．**涂绘修补**：用加深与减淡工具涂抹高光、暗区形成立体效果。

2．**图像修饰**：在上部较大区域填充半透明的淡黄色。

3．**编辑修复**：绘画并模糊处理蛋清的分层线。

将最终结果以 X4-6.psd 为文件名保存在考生文件夹中。

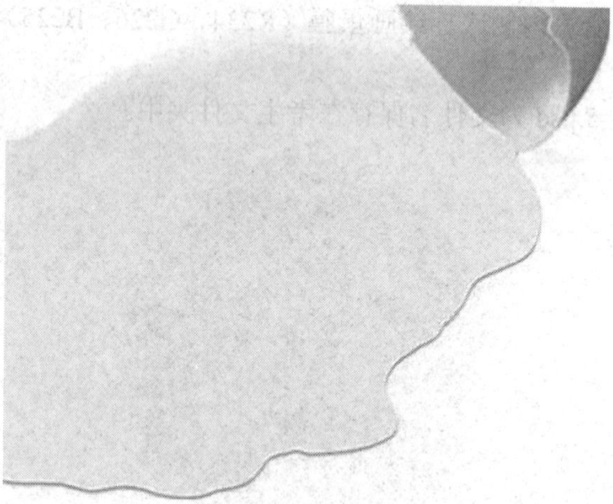

图 Y4-6 素材图像

4.7　第 7 题

【操作要求】

绘制蛋黄，如图 X4-7 所示。

图 X4-7　效果图

在考生文件夹中新建 X4-7 文件夹，将 C:\2008PS10\Unit4 目录中的 vitellus.jpg 文件复制到 X4-7 文件夹中，并打开 vitellus.jpg 文件，如图 Y4-7 所示。

1．**涂绘修补**：分别建立多个大小不同的选区。

2．**图像修饰**：对选区内边缘上下两侧分别使用加深与减淡工具涂抹出光亮区与暗区。

3．**编辑修复**：在顶部绘制半透明度的白色并将其模糊成高光点。

将最终结果以 X4-7.psd 为文件名保存在考生文件夹中。

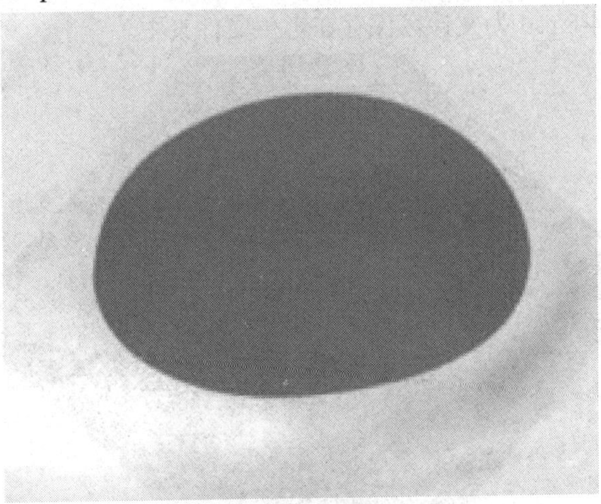

图 Y4-7　素材图像

4.8　第 8 题

【操作要求】

修补图像，如图 X4-8 所示。

图 X4-8　效果图

在考生文件夹中新建 X4-8 文件夹，将 C:\2008PS10\Unit4 目录中的 snack.jpg 文件复制到 X4-8 文件夹中，并打开 snack.jpg 文件，如图 Y4-8 所示。

1．**涂绘修补**：调整图像的亮度/对比度。

2．**图像修饰**：使用修补工具、修复工具和仿制印章工具补缺左上角的木板缝。

3．**编辑修复**：清除杯子左下方的油污渍。

将最终结果以 X4-8.psd 为文件名保存在考生文件夹中。

图 Y4-8　素材图像

4.9　第9题

【操作要求】

照片划痕修复，如图 X4-9 所示。

图 X4-9　效果图

在考生文件夹中新建 X4-9 文件夹，将 C:\2008PS10\Unit4 目录中的 man1.jpg 文件复制到 X4-9 文件夹中，并打开 man1.jpg 文件。

1．**涂绘修补**：裁剪划伤的人物头像，如图 Y4-9 所示。

2．**图像修饰**：修复图像划痕。

3．**编辑修复**：调整图像细节。

将最终结果以 X4-9.psd 为文件名保存在考生文件夹中。

图 Y4-9　素材图像

4.10 第 10 题

【操作要求】

修饰图像，如图 X4-10 所示。

图 X4-10 效果图

在考生文件夹中新建 X4-10 文件夹，将 C:\2008PS10\Unit4 目录中的 man.jpg 文件复制到 X4-10 文件夹中，并打开 man.jpg 文件，如图 Y4-10 所示。

1. **涂绘修补**：抚平眼部皱纹。
2. **图像修饰**：抹去额头皱纹。
3. **编辑修复**：复制顶部头发。

将最终结果以 X4-10.psd 为文件名保存在考生文件夹中。

图 Y4-10 素材图像

4.11　第 11 题

【操作要求】

修饰图像，如图 X4-11 所示。

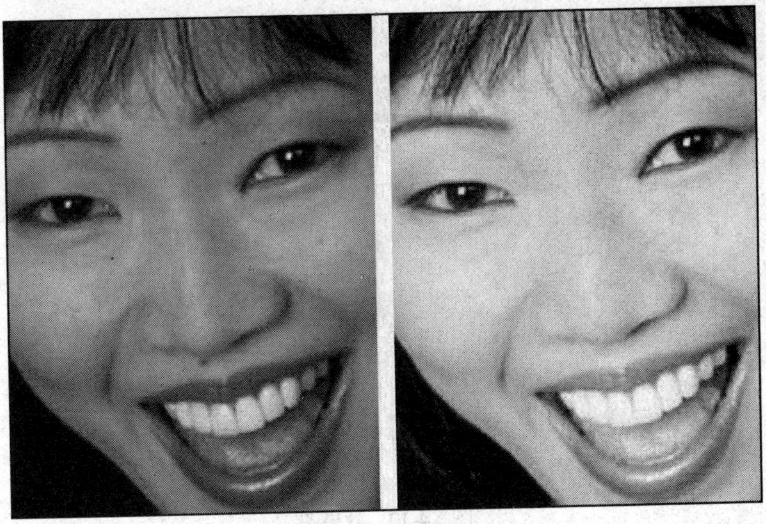

图 X4-11　效果图

在考生文件夹中新建 X4-11 文件夹，将 C:\2008PS10\Unit4 目录中的 women.jpg 文件复制到 X4-11 文件夹中，并打开 women.jpg 文件，如图 Y4-11 所示。

1．**涂绘修补：**抹去上唇污点。

2．**图像修饰：**美白牙齿。

3．**编辑修复：**调整美白皮肤。

将最终结果以 X4-11.psd 为文件名保存在考生文件夹中。

图 Y4-11　素材图像

4.12 第 12 题

【操作要求】

绘制花，如图 X4-12 所示。

图 X4-12 效果图

在考生文件夹中新建 X4-12 文件夹，将 C:\2008PS10\Unit4 目录中的 flower.jpg 文件复制到 X4-12 文件夹中，并打开 flower.jpg 文件，如图 Y4-12 所示。

1．**涂绘修补**：在花瓣上涂抹米黄色，在花瓣中间区域的叶脉上使用深绿色涂抹，使用加深与减淡工具涂抹形成中心向边缘由深至浅过渡。

2．**图像修饰**：在花蕊处涂抹红色至橙黄色的过渡，形成由中心向边缘的晕化。

3．**编辑修复**：涂抹、晕染绿色叶片。

将最终结果以 X4-12.psd 为文件名保存在考生文件夹中。

图 Y4-12 素材图像

4.13　第 13 题

【操作要求】

涂抹刺字，如图 X4-13 所示。

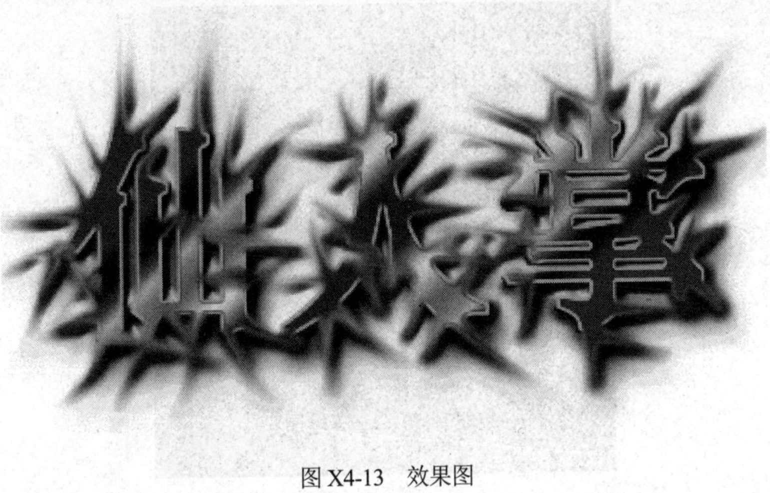

图 X4-13　效果图

新建宽高为 400×200 像素、RGB 模式的新文件。

1．**涂绘修补**：输入文字“仙人掌”：60 点、“宋体”、加粗。

2．**编辑修复**：使用涂抹工具涂抹字体，呈现刺状，如图 Y4-13 所示，添加阴影效果。

3．**图像修饰**：添加彩虹渐变效果，绿色描边 2 像素。

将最终结果以 X4-13.psd 为文件名保存在考生文件夹中。

图 Y4-13　涂抹文字

4.14 第 14 题

【操作要求】

绘制动感效果，如图 X4-14 所示。

图 X4-14 效果图

在考生文件夹中新建 X4-14 文件夹，将 C:\2008PS10\Unit4 目录中的 skee.jpg 文件复制到 X4-14 文件夹中，并打开 skee.jpg 文件，如图 Y4-14 所示。

1. **涂绘修补**：设置画笔其他动态、平滑和钢笔压力。
2. **图像修饰**：使用涂抹工具涂抹人物动感模糊效果。
3. **编辑修复**：涂抹滑雪板及雪杖动感模糊效果。

将最终结果以 X4-14.psd 为文件名保存在考生文件夹中。

图 Y4-14 素材图像

4.15　第 15 题

【操作要求】

绘制石头，如图 X4-15 所示。

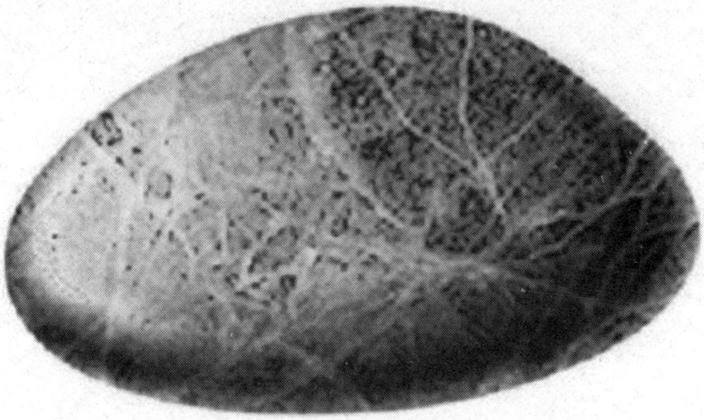

图 X4-15　效果图

在考生文件夹中新建 X4-15 文件夹，将 C:\2008PS10\Unit4 目录中的 stone.jpg 文件复制到 X4-15 文件夹中，并打开 stone.jpg 文件，如图 Y4-15 所示。

1．**涂绘修补**：选取石头形状，将选区缩小 10 像素、羽化值 6、移至左上边。

2．**图像修饰**：用减淡工具将选区中左部擦亮，向右侧和边缘过渡至暗区。选区反向，用加深工具将明暗交界线加深。

3．**编辑修复**：擦亮左部高亮白线与右下部底边反光区。

将最终结果以 X4-15.psd 为文件名保存在考生文件夹中。

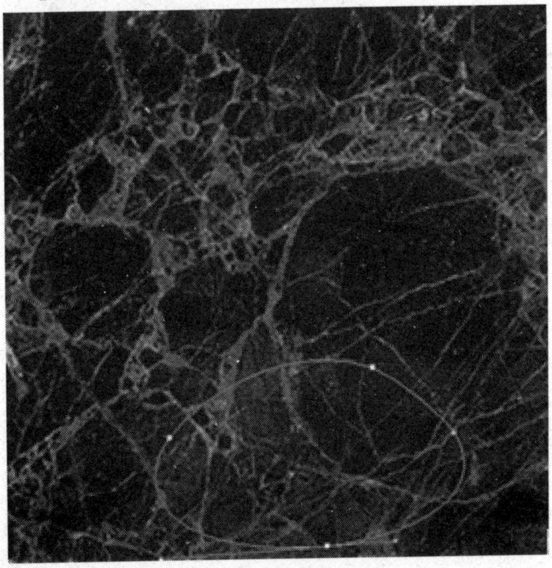

图 Y4-15　素材图像

4.16 第 16 题

【操作要求】

绘制玉镯，如图 X4-16 所示。

图 X4-16 效果图

在考生文件夹中新建 X4-16 文件夹，将 C:\2008PS10\Unit4 目录中的 bracelet.jpg 文件复制到 X4-16 文件夹中，并打开 bracelet.jpg 文件，如图 Y4-16 所示。

1．**涂绘修补**：建立环状石头纹理选区，向左上方偏移选区 1/2。

2．**图像修饰**：用减淡工具涂抹出亮部，反选，用加深工具涂抹出暗区。

3．**编辑修复**：擦亮高光白线和右下底部反光区，添加投影。

将最终结果以 X4-16.psd 为文件名保存在考生文件夹中。

图 Y4-16 素材图像

4.17　第 17 题

【操作要求】

修补照片，如图 X4-17 所示。

图 X4-17　效果图

在考生文件夹中新建 X4-17 文件夹，将 C:\2008PS10\Unit4 目录中的 dog.jpg 文件复制到 X4-17 文件夹中，并打开 dog.jpg 文件，如图 Y4-17 所示。

1．**涂绘修补**：定义地板透视平面。

2．**图像修饰**：复制地板、去除绳子和刷子。

3．**编辑修复**：保留地板原有图像透视角度。

将最终结果以 X4-17.psd 为文件名保存在考生文件夹中。

图 Y4-17　素材图像

4.18 第 18 题

【操作要求】

修补照片，如图 X4-18 所示。

图 X4-18 效果图

在考生文件夹中新建 X4-18 文件夹，将 C:\2008PS10\Unit4 目录中的 photo.jpg 文件复制到 X4-18 文件夹中，并打开 photo.jpg 文件，如图 Y4-18 所示。

1. **涂绘修补**：定义“图像栏杆”区域透视平面。
2. **图像修饰**：复制“图像栏杆”区域，去除人物。
3. **编辑修复**：保持图像原有物体透视角度。

将最终结果以 X4-18.psd 为文件名保存在考生文件夹中。

图 Y4-18 素材图像

4.19 第 19 题

【操作要求】

修饰人物肤色，如图 X4-19 所示。

图 X4-19 效果图

在考生文件夹中新建 X4-19 文件夹，将 C:\2008PS10\Unit4 目录中的 skin.jpg 文件复制到 X4-19 文件夹中，并打开 skin.jpg 文件。

1．**涂绘修补**：确定需要处理的皮肤瑕疵部位，如图 Y4-19 所示。

2．**图像修饰**：消除脸上皮肤的污点、瑕疵等。

3．**编辑修复**：调整优化人物的肤色光感。

将最终结果以 X4-19.psd 为文件名保存在考生文件夹中。

图 Y4-19 素材图像

4.20 第 20 题

【操作要求】

修补破损的树叶，如图 X4-20 所示。

图 X4-20 效果图

在考生文件夹中新建 X4-20 文件夹，将 C:\2008PS10\Unit4 目录中的 leaf1.jpg 文件复制到 X4-20 文件夹中，并打开 leaf1.jpg 文件，如图 Y4-20 所示。

1. **涂绘修补**：复制、修复、修补树叶破损和缺口之处。
2. **图像修饰**：模糊、锐化、减淡和加深树叶的明暗区域。
3. **编辑修复**：选择树叶，去除背景。

将最终结果以 X4-20.psd 为文件名保存在考生文件夹中。

图 Y4-20 素材图像

第五单元　矢量绘图

5.1　第 1 题

【操作要求】

用路径绘制鼠标分隔线，如图 X5-1 所示。

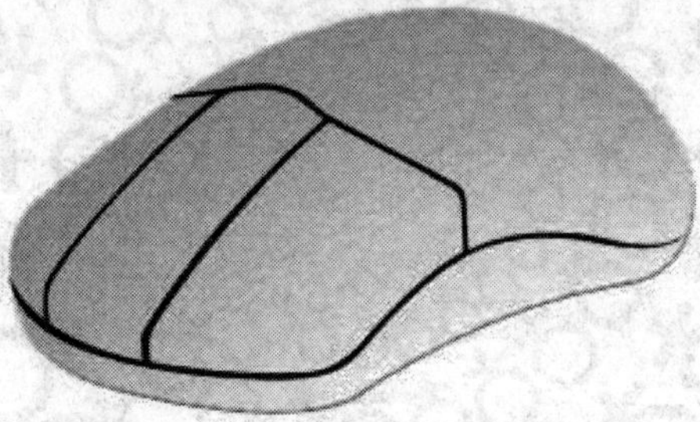

图 X5-1　效果图

在考生文件夹中新建 X5-1 文件夹，将 C:\2008PS10\Unit5 目录中的 mouse.jpg 文件复制到 X5-1 文件夹中，并打开 mouse.jpg 文件，如图 Y5-1 所示。

1．**绘制路径**：勾绘鼠标三个键分隔线条。

2．**路径编辑**：绘制鼠标上下及前后分隔线。

3．**效果修饰**：使用黑色描绘路径。

将最终结果以 X5-1.psd 为文件名保存在考生文件夹中。

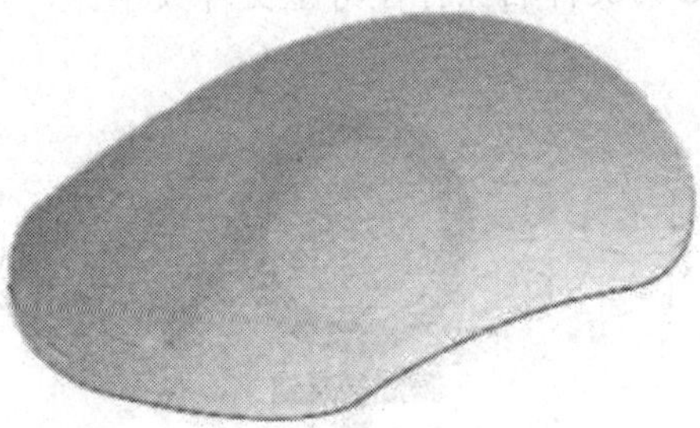

图 Y5-1　素材图像

5.2 第2题

【操作要求】

绘制图案，如图 X5-2 所示。

图 X5-2 效果图

新建宽高均为 300 像素、RGB 模式的新文件。

1．**绘制路径**：绘制基本图形，如图 Y5-2 所示。

2．**路径编辑**：定义基本图形描边圆形路径。

3．**效果修饰**：连续缩小变换形成图案。

将最终结果以 X5-2.psd 为文件名保存在考生文件夹中。

图 Y5-2 基本图形

5.3　第 3 题

【操作要求】

绘制标志，如图 X5-3 所示。

图 X5-3　效果图

新建宽高均为 300 像素、RGB 模式的新文件。

1．绘制路径：绘制基本图形，如图 Y5-3 所示。

2．路径编辑：绘制气体飘动图形。

3．效果修饰：将十字交叉图形和气体飘动图形分别填充红色（#fc0404）和淡蓝色（#94d6f7）。

将最终结果以 X5-3.psd 为文件名保存在考生文件夹中。

图 Y5-3　基本图形

5.4 第 4 题

【操作要求】

制作邮票，如图 X5-4 所示。

图 X5-4 效果图

在考生文件夹中新建 X5-4 文件夹，将 C:\2008PS10\Unit5 目录中的 horse.jpg 文件复制到 X5-4 文件夹中，并打开 horse.jpg 文件，如图 Y5-4 所示。

1．**绘制路径**：调整画布，创建边框路径。

2．**路径编辑**：绘制邮票锯齿状。

3．**效果修饰**：添加阴影。

将最终结果以 X5-4.psd 为文件名保存在考生文件夹中。

图 Y5-4 素材图像

5.5　第 5 题

【操作要求】

绘制标志，如图 X5-5 所示。

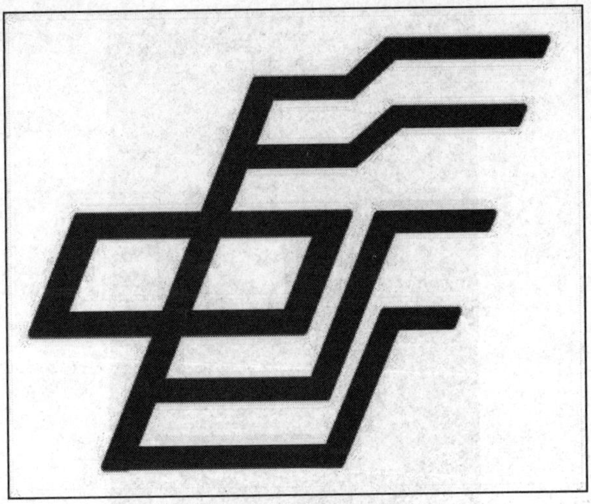

图 X5-5　效果图

新建宽高为 370×300 像素、RGB 模式的新文件。

1．绘制路径：绘制“中”字路径，如图 Y5-5 所示。

2．路径编辑：绘制标志右侧条状图形。

3．效果修饰：为路径填充深绿色（#09500a）。

将最终结果以 X5-5.psd 为文件名保存在考生文件夹中。

图 Y5-5　基本图形

5.6 第 6 题

【操作要求】

绘制花朵，如图 X5-6 所示。

图 X5-6 效果图

在考生文件夹中新建 X5-6 文件夹，将 C:\2008PS10\Unit5 目录中的 vase.jpg 文件复制到 X5-6 文件夹中，并打开 vase.jpg 文件，如图 Y5-6 所示。

1．**绘制路径**：绘制花朵。

2．**路径编辑**：绘制花茎。

3．**效果修饰**：填充紫色（#616aa7）至白色渐变花瓣、黄色（#f1be6e）花蕊、绿色（#275940）花茎。

将最终结果以 X5-6.psd 为文件名保存在考生文件夹中。

图 Y5-6 基本图形

5.7　第 7 题

【操作要求】

绘制鞭炮，如图 X5-7 所示。

图 X5-7　效果图

新建宽高为 440×300 像素、RGB 模式的新文件。

1．**绘制路径**：绘制红色鞭炮，基本图形如图 Y5-7 所示。

2．**路径编辑**：复制红色鞭炮并连接成串。

3．**效果修饰**：绘制文字，添加由白至黄色渐变、雪花纹理背景。

将最终结果以 X5-7.psd 为文件名保存在考生文件夹中。

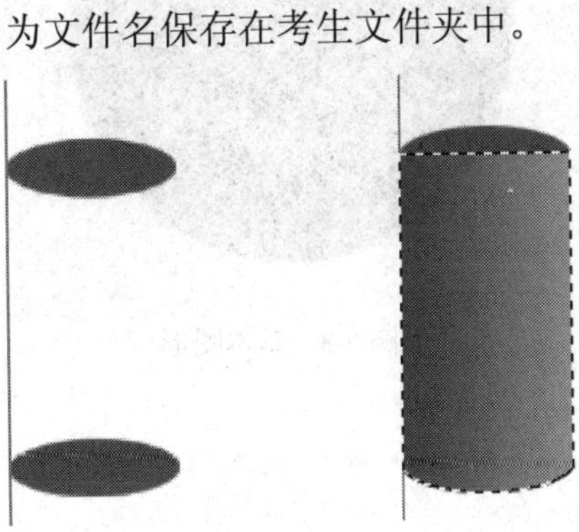

图 Y5-7　基本图形

5.8　第 8 题

【操作要求】

绘制篮球，如图 X5-8 所示。

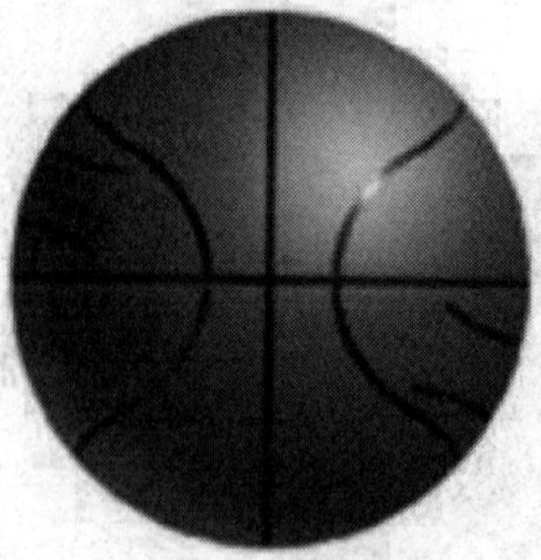

图 X5-8　效果图

新建宽高均为 265 像素、RGB 模式的新文件。

1. **绘制路径**：绘制球体（#a93d28）和球体高光、暗区和反光区域，如图 Y5-8 所示。
2. **路径编辑**：绘制篮球线条。
3. **效果修饰**：描绘线条为黑色。

将最终结果以 X5-8.psd 为文件名保存在考生文件夹中。

图 Y5-8　基本图形

5.9　第 9 题

【操作要求】

用路径和样式绘制齿轮，如图 X5-9 所示。

图 X5-9　效果图

新建宽高均为 265 像素、RGB 模式的新文件。

1. **绘制路径**：绘制一个多角的“齿轮”状图形，如图 Y5-9 所示。
2. **路径编辑**：选择外侧或内侧节点进行旋转，填充并挖空中心部分。
3. **效果修饰**：把“齿轮”图形立体化、金属化处理（近似即可，不要完全一致）。

将最终结果以 X5-9.psd 为文件名保存在考生文件夹中。

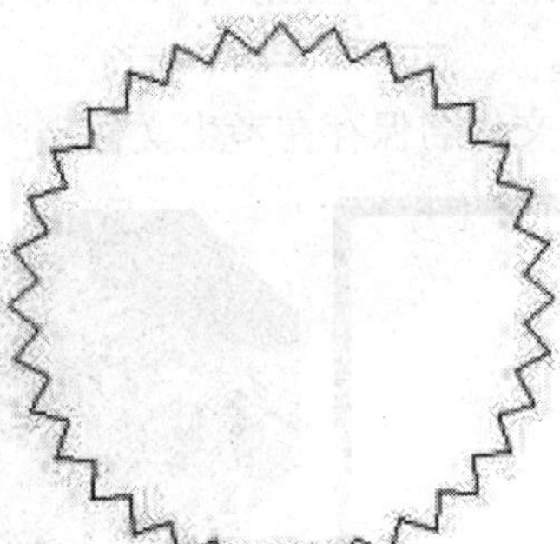

图 Y5-9　基本图形

5.10　第 10 题

【操作要求】

制作交通标志，如图 X5-10 所示。

图 X5-10　效果图

新建宽高均为 400 像素、RGB 模式的新文件。

1．**绘制路径**：分别绘制边长为 235 像素的等边三角形、直径为 190 像素的圆形、宽高为 142×190 像素的矩形和直径为 202 像素的八边形标志，如图 Y5-10 所示。

2．**路径编辑**：分别对图形进行描边、填色（#fd0304、#fde803、#ffffff、#fd0304）处理。

3．**效果修饰**：添加文字：三角形为“YIELD”、圆形标志为“R R”、矩形为“ONE WAY”、多边形为“STOP”等标志文字。

将最终结果以 X5-10.psd 为文件名保存在考生文件夹中。

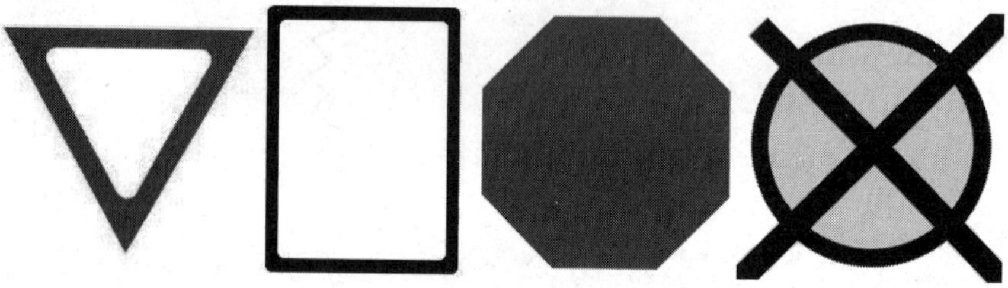

图 Y5-10　基本形状

5.11　第 11 题

【操作要求】

制作锤子，如图 X5-11 所示。

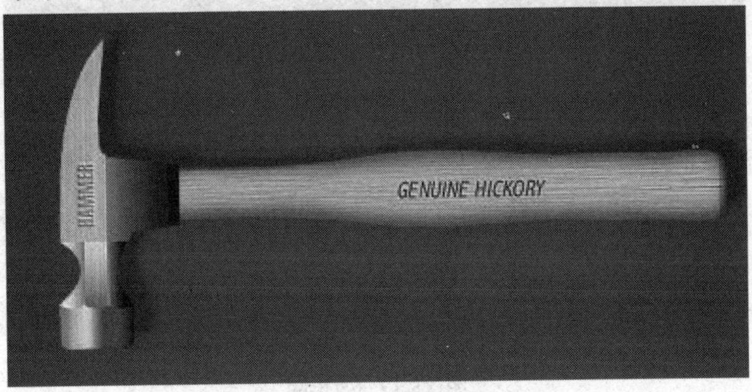

图 X5-11　效果图

在考生文件夹中新建 X5-11 文件夹，将 C:\2008PS10\Unit5 目录中的 hammer.jpg 文件复制到 X5-11 文件夹中，并打开 hammer.jpg 文件，如图 Y5-11A 所示。

1. **绘制路径**：绘制锤子各个部分的形状，如图 Y5-11B 所示。
2. **路径编辑**：各部分填充黑灰至白色渐变。
3. **效果修饰**：组合锤子，填充阴影特效，添加装饰文字。

将最终结果以 X5-11.psd 为文件名保存在考生文件夹中。

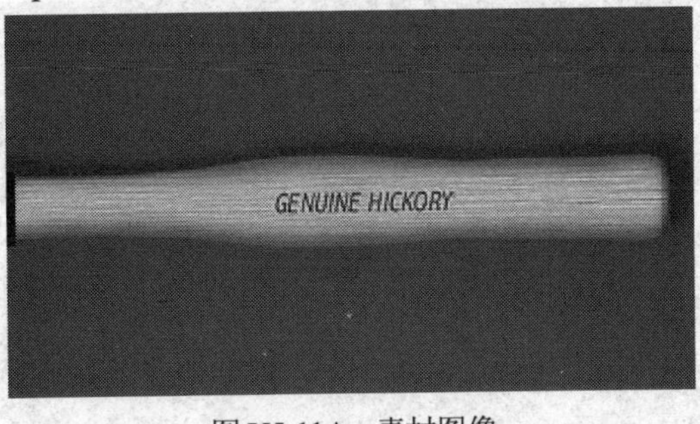

图 Y5-11A　素材图像

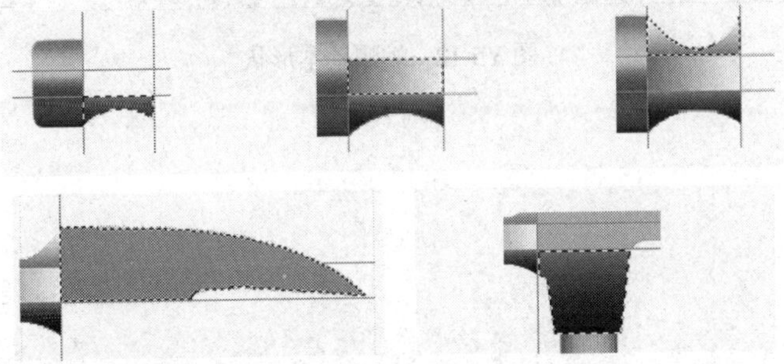

图 Y5-11B　锤子结构

5.12　第 12 题

【操作要求】

绘制蝙蝠，如图 X5-12 所示。

图 X5-12　效果图

新建宽高为 420×200 像素、RGB 模式的新文件。

1．绘制路径：使用椭圆形工具，绘制蝙蝠身体和头部形状，为眼睛填充红色（#ff0000），为耳朵和嘴填充淡灰色（#646464），如图 Y5-12 所示。

2．路径编辑：使用钢笔工具勾绘双翼轮廓，与圆形组合形成蝙蝠翅膀。

3．效果修饰：添加渐变（#6e4300、#fe9200）背景。

将最终结果以 X5-12.psd 为文件名保存在考生文件夹中。

图 Y5-12　蝙蝠基本形状

5.13　第 13 题

【操作要求】

制作日历，如图 X5-13 所示。

图 X5-13　效果图

新建宽高为 300×350 像素、RGB 模式的新文件。

1．**绘制路径**：绘制基本形状，如图 Y5-13 所示。

2．**路径编辑**：合成地球仪与螺旋图形。

3．**效果修饰**：填充红色（#f01f86、#fdb9c7），添加文字与数字。

将最终结果以 X5-13.psd 为文件名保存在考生文件夹中。

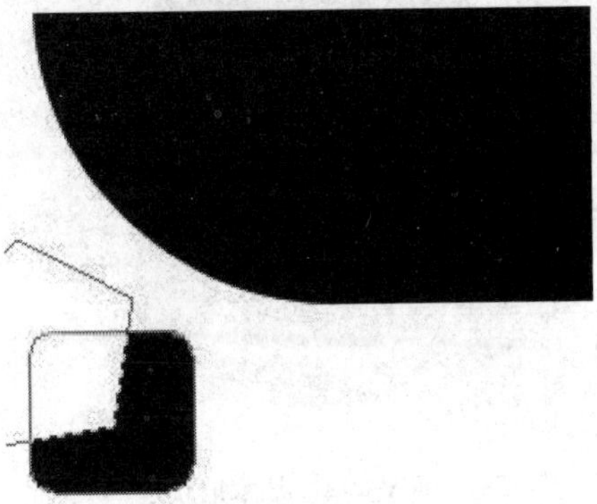

图 Y5-13　基本形状

5.14　第 14 题

【操作要求】

制作 UFO 飞碟，如图 X5-14 所示。

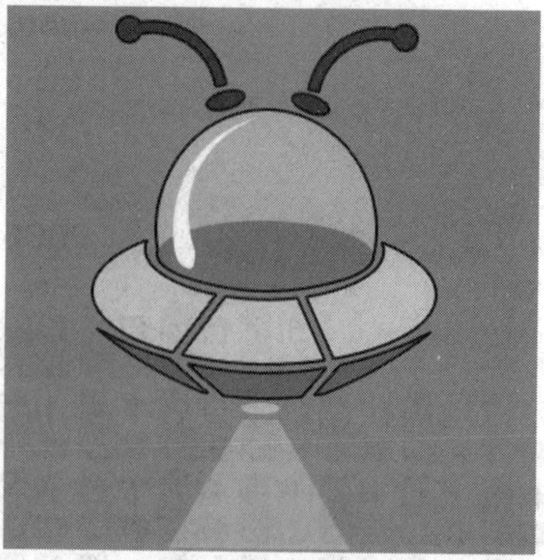

图 X5-14　效果图

新建宽高为 300×350 像素、RGB 模式的新文件。

1．**绘制路径**：绘制飞碟基本形状，如图 Y5-14 所示。

2．**路径编辑**：继续绘制天线、喷气和高光等部分的形状。

3．**效果修饰**：分别使用黄色（#fee600）、红色（#ff4f01）、淡蓝色（#9bcee3）和紫色（#6e8dc3）填充飞碟各部分，添加背景（#5caed3）。

将最终结果以 X5-14.psd 为文件名保存在考生文件夹中。

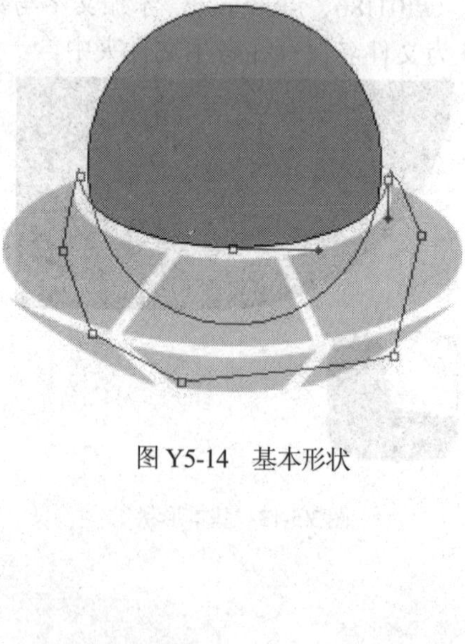

图 Y5-14　基本形状

5.15　第 15 题

【操作要求】

制作脸谱，如图 X5-15 所示。

图 X5-15　效果图

新建宽高均为 300 像素、RGB 模式的新文件。

1．**绘制路径**：绘制脸部基本形状，如图 Y5-15 所示。

2．**路径编辑**：绘制眼睛、鼻子、嘴巴和帽沿。

3．**效果修饰**：帽子使用黄色（#ffcc66），帽沿使用土黄色（#e5af42），脸部使用皮肤色（#fcd7c4）。

将最终结果以 X5-15.psd 为文件名保存在考生文件夹中。

图 Y5-15　基本形状

5.16　第 16 题

【操作要求】

制作火炬，如图 X5-16 所示。

图 X5-16　效果图

新建宽高均为 300 像素、RGB 模式的新文件。

1．**绘制路径**：绘制基本形状，如图 Y5-16 所示。

2．**路径编辑**：绘制手持杆，变换、复制火焰形状。

3．**效果修饰**：火炬使用深蓝色（#010066）填充，火焰使用红色（#d50129）填充。

将最终结果以 X5-16.psd 为文件名保存在考生文件夹中。

图 Y5-16　基本形状

5.17 第 17 题

【操作要求】

制作光盘，如图 X5-17 所示。

图 X5-17 效果图

新建宽高均为 300 像素、RGB 模式的新文件。

1．**绘制路径**：绘制光盘基本形状，如图 Y5-17 所示。

2．**路径编辑**：将填充颜色的圆形与光盘剪贴蒙版组合。

3．**效果修饰**：圆形分别使用深灰色（#474747）、黄色（#ffc600）和橙色（#ff6d00）。

将最终结果以 X5-17.psd 为文件名保存在考生文件夹中。

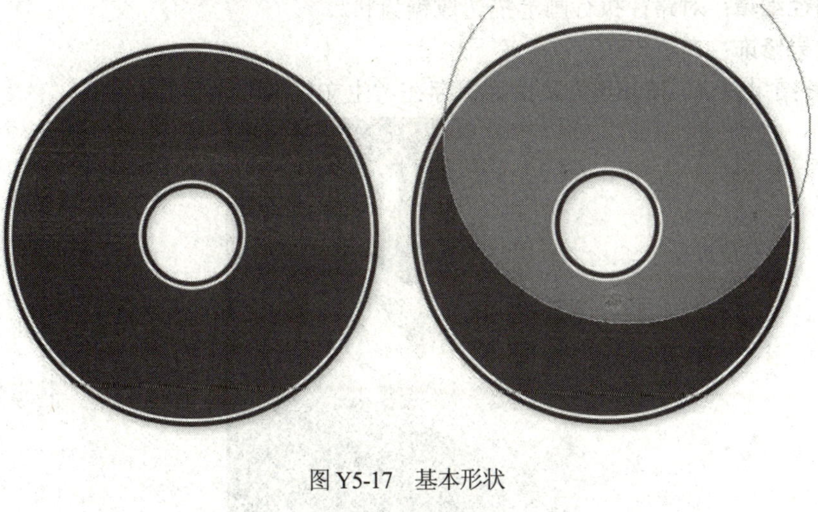

图 Y5-17 基本形状

5.18 第 18 题

【操作要求】

制作邮票，如图 X5-18 所示。

图 X5-18 效果图

在考生文件夹中新建 X5-18 文件夹，将 C:\2008PS10\Unit5 目录中的 fair.jpg 文件复制到 X5-18 文件夹中，并打开 fair.jpg 文件，如图 Y5-18 所示。

1. **绘制路径**：绘制边框路径。
2. **路径编辑**：对路径执行画笔描边成锯齿状。
3. **效果修饰**：白色勾边。

将最终结果以 X5-18.psd 为文件名保存在考生文件夹中。

图 Y5-18 素材图像

5.19　第 19 题

【操作要求】

制作陶瓶，如图 X5-19 所示。

图 X5-19　效果图

新建宽高均为 400×320 像素、RGB 模式的新文件。

1．**绘制路径**：绘制宽高为 133×285 像素大小的瓶子基本图形，如图 Y5-19 所示。

2．**路径编辑**：制作光线渐变和阴影反光区域。

3．**效果修饰**：添加渐变（#000000、#ca9e45）背景。

将最终结果以 X5-19.psd 为文件名保存在考生文件夹中。

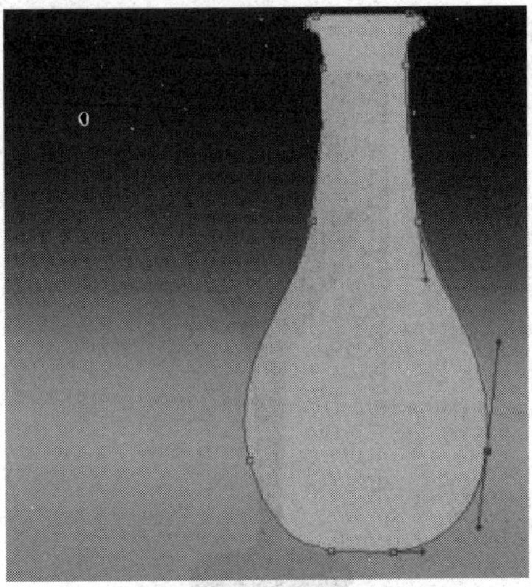

图 Y5-19　基本图形

5.20　第 20 题

【操作要求】

用路径绘制高脚酒杯，如图 X5-20 所示。

图 X5-20　效果图

在考生文件夹中新建 X5-20 文件夹，将 C:\2008PS10\Unit5 目录中的 goblet.psd 文件复制到 X5-20 文件夹中，并打开 goblet.psd 文件，如图 Y5-20 所示。

1．**绘制路径**：用钢笔分别多次勾画玻璃杯的高光区域和反光区域。

2．**路径编辑**：路径填色、调整透明度和编辑蒙版，使酒杯产生玻璃质感。

3．**效果修饰**：同样方法制作酒杯脚。

将最终结果以 X5-20.psd 为文件名保存在考生文件夹中。

图 Y5-20　酒杯轮廓

第六单元　图层效果

6.1　第 1 题

【操作要求】

制作水珠效果，如图 X6-1 所示。

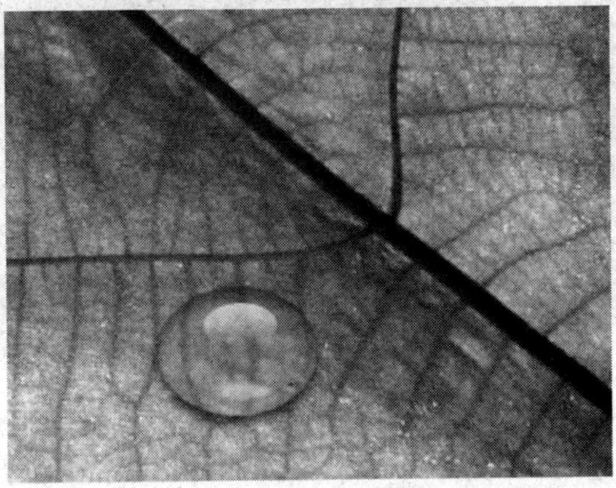

图 X6-1　效果图

在考生文件夹中新建 X6-1 文件夹，将 C:\2008PS10\Unit6 目录中的 leaf.jpg 文件复制到 X6-1 文件夹中，并打开 leaf.jpg 文件，如图 Y6-1 所示。

1．**创建图层**：创建椭圆形水珠新图层。

2．**图层效果**：对新图层进行阴影、内阴影和模糊化处理。

3．**图层编辑**：制作渐变高光区和羽化白色反光区。

将最终结果以 X6-1.psd 为文件名保存在考生文件夹中。

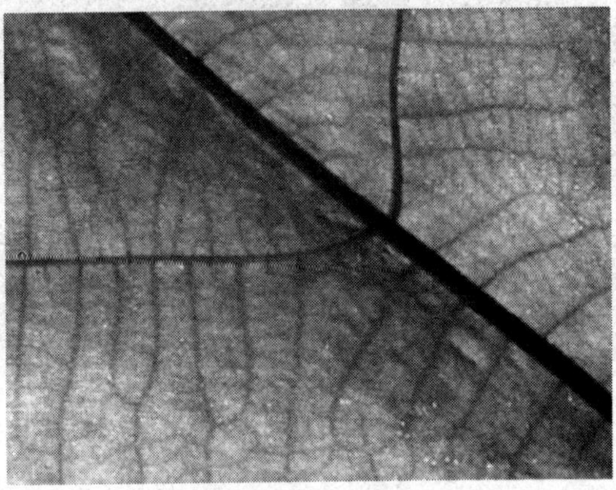

图 Y6-1　素材图像

6.2　第 2 题

【操作要求】

制作眼睛效果，如图 X6-2 所示。

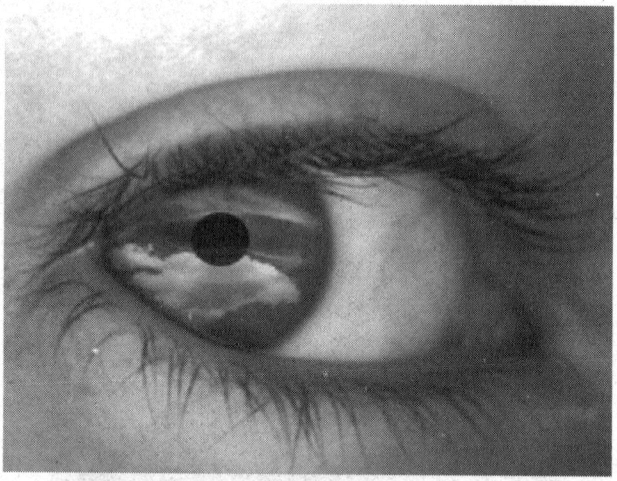

图 X6-2　效果图

在考生文件夹中新建 X6-2 文件夹，将 C:\2008PS10\Unit6 目录中的 eye.jpg 和 sky.jpg 文件复制到 X6-2 文件夹中，并打开 eye.jpg 和 sky.jpg 文件，如图 Y6-2 所示。

1．**创建图层**：建立眼睛瞳仁选区新图层。

2．**图层效果**：图层蒙版合成天空图像。

3．**图层编辑**：制作高光、阴影和瞳孔。

将最终结果以 X6-2.psd 为文件名保存在考生文件夹中。

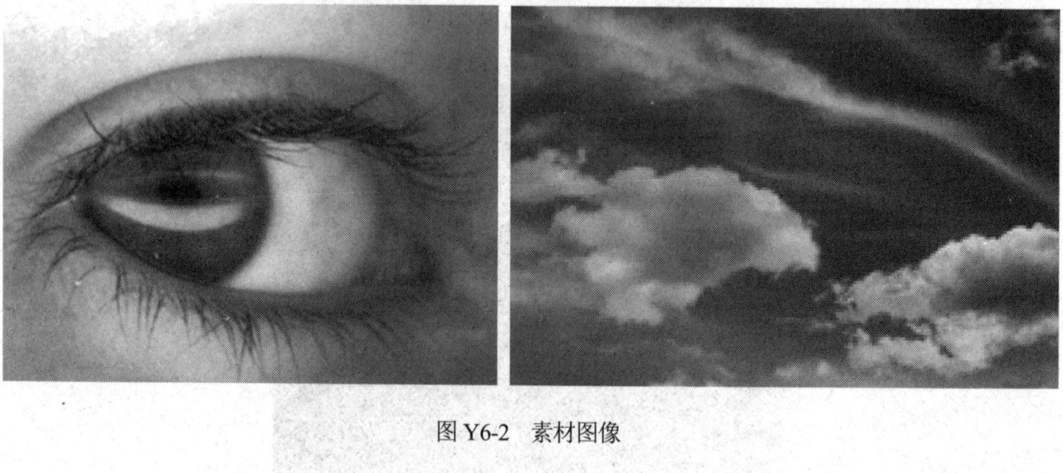

图 Y6-2　素材图像

6.3　第 3 题

【操作要求】

制作撕开效果，如图 X6-3 所示。

图 X6-3　效果图

在考生文件夹中新建 X6-3 文件夹，将 C:\2008PS10\Unit6 目录中的 photo.jpg 文件复制到 X6-3 文件夹中，并打开 photo.jpg 文件，如图 Y6-3 所示。

1. **创建图层：**建立裂口选区新图层。
2. **图层效果：**对裂口进行白色描边和阴影处理。
3. **图层编辑：**将照片分开为两部分。

将最终结果以 X6-3.psd 为文件名保存在考生文件夹中。

图 Y6-3　素材图像

6.4 第 4 题

【操作要求】

制作照片效果，如图 X6-4 所示。

图 X6-4 效果图

在考生文件夹中新建 X6-4 文件夹，将 C:\2008PS10\Unit6 目录中的 photo1.jpg 文件复制到 X6-4 文件夹中，并打开 photo1.jpg 文件。

1. **创建图层**：建立照片新图层（宽高为 227×180 像素），如图 Y6-4 所示。
2. **图层效果**：描白色边缘（5 个像素）。
3. **图层编辑**：添加阴影效果。

将最终结果以 X6-3.psd 为文件名保存在考生文件夹中。

图 Y6-4 建立新图层

6.5　第 5 题

【操作要求】

制作格线效果，如图 X6-5 所示。

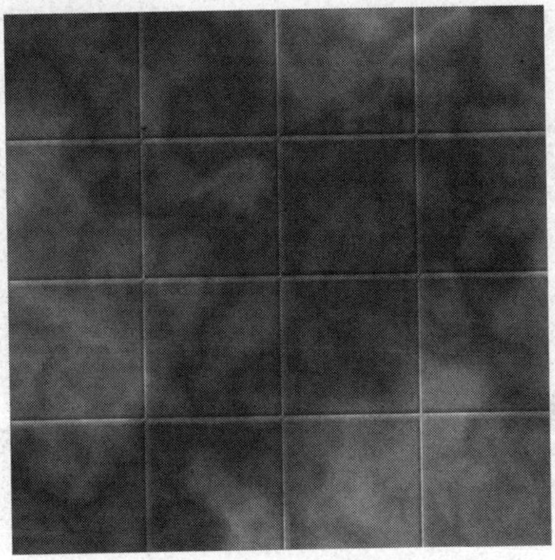

图 X6-5　效果图

在考生文件夹中新建 X6-5 文件夹，将 C:\2008PS10\Unit6 目录中的 texture.jpg 文件复制到 X6-5 文件夹中，并打开 texture.jpg 文件，如图 Y6-5 所示。

1．**创建图层**：绘制白色格线新图层。

2．**图层效果**：对新图层进行倒角浮雕处理。

3．**图层编辑**：调整图层混合模式为“亮光”。

将最终结果以 X6-5.psd 为文件名保存在考生文件夹中。

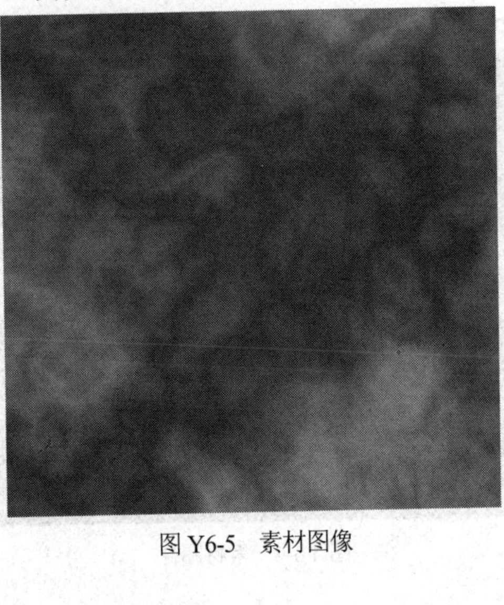

图 Y6-5　素材图像

6.6 第6题

【操作要求】

制作边框效果，如图 X6-6 所示。

图 X6-6 效果图

在考生文件夹中新建 X6-6 文件夹，将 C:\2008PS10\Unit6 目录中的 tree.jpg 文件复制到 X6-6 文件夹中，并打开 tree.jpg 文件，如图 Y6-6 所示。

1. **创建图层**：新建图层蒙版。
2. **图层效果**：将图层蒙版涂绘成黑白色草边效果。
3. **图层编辑**：合成图像，立体化处理。

将最终结果以 X6-6.psd 为文件名保存在考生文件夹中。

图 Y6-6 素材图像

6.7 第 7 题

【操作要求】

合成图像，如图 X6-7 所示。

图 X6-7 效果图

在考生文件夹中新建 X6-7 文件夹，将 C:\2008PS10\Unit6 目录中的 key.jpg 和 clock.jpg 文件复制到 X6-7 文件夹中，并打开 key.jpg 和 clock.jpg 文件，如图 Y6-7 所示。

1. **创建图层**：新建图层蒙版。
2. **图层效果**：将图层蒙版填充渐变色（绿-黄-红）。
3. **图层编辑**：合成图像，设置混合模式为叠加。

将最终结果以 X6-7.psd 为文件名保存在考生文件夹中。

图 Y6-7 素材图像

6.8 第 8 题

【操作要求】

制作窗影效果，如图 X6-8 所示。

图 X6-8 效果图

在考生文件夹中新建 X6-8 文件夹，将 C:\2008PS10\Unit6 目录中的 girl.jpg 和 windows.jpg 文件复制到 X6-8 文件夹中，并打开 girl.jpg 和 windows.jpg 文件，如图 Y6-8 所示。

1．**创建图层**：创建窗户选区新图层和蒙版。

2．**图层效果**：使用“色阶”调整图层明暗区域。

3．**图层编辑**：模糊边缘、调整混合模式和不透明度。

将最终结果以 X6-8.psd 为文件名保存在考生文件夹中。

图 Y6-8 素材图像

6.9　第 9 题

【操作要求】

制作磁盘，如图 X6-9 所示。

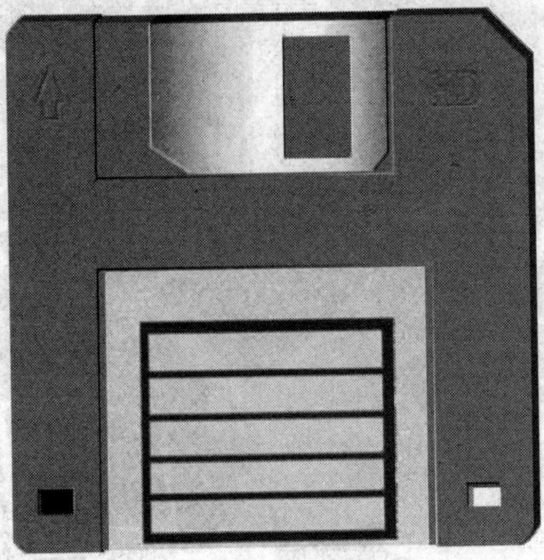

图 X6-9　效果图

1．**创建图层**：建立宽高为 360×360 像素的磁盘轮廓。

2．**图层效果**：用图层样式、渐变等制作磁盘保护套（宽高 175×90 像素）和贴纸（宽高 195×160 像素），如图 Y6-9 所示。

3．**图层编辑**：添加箭头、写保护口和阴影等。

将最终结果以 X6-9.psd 为文件名保存在考生文件夹中。

图 Y6-9　基本图形

6.10 第 10 题

【操作要求】

图像拆分拼贴效果，如图 X6-10 所示。

图 X6-10 效果图

在考生文件夹中新建 X6-10 文件夹，将 C:\2008PS10\Unit6 目录中的 groupphoto.jpg 文件复制到 X6-10 文件夹中，并打开 groupphoto.jpg 文件，如图 Y6-10 所示。

1. **创建图层：**切取部分图片创建新图层。
2. **图层效果：**使用图层蒙版、描边、投影处理新图层，制作白色边框。
3. **图层编辑：**复制其他切片效果。

将最终结果以 X6-10.psd 为文件名保存在考生文件夹中。

图 Y6-10 素材图像

6.11　第 11 题

【操作要求】

制作水珠效果，如图 X6-11 所示。

图 X6-11　效果图

在考生文件夹中新建 X6-11 文件夹，将 C:\2008PS10\Unit6 目录中的 flower.jpg 文件复制到 X6-11 文件夹中，并打开 flower.jpg 文件。

1. **创建图层：** 建立水珠（宽高约 45×80 像素）图层，使用球面滤镜立体化。
2. **图层效果：** 投影和内阴影样式处理。
3. **图层编辑：** 添加白色至透明高光区，如图 Y6-11 所示。

将最终结果以 X6-11.psd 为文件名保存在考生文件夹中。

图 Y6-11　滤镜效果

6.12　第 12 题

【操作要求】

合成乌云遮月效果，如图 X6-12 所示。

图 X6-12　效果图

在考生文件夹中新建 X6-12 文件夹，将 C:\2008PS10\Unit6 目录中的 light.jpg 和 moon.jpg 文件复制到 X6-12 文件夹中，并打开 light.jpg 和 moon.jpg 文件。

1．**创建图层**：合并月亮和云层图像，如图 Y6-12 所示。

2．**图层效果**：描绘图层蒙版。

3．**图层编辑**：调整阴云图像左上位置产生遮盖月亮的效果。

将最终结果以 X6-12.psd 为文件名保存在考生文件夹中。

图 Y6-12　月亮和云层图像

6.13 第 13 题

【操作要求】

制作铁锈效果，如图 X6-13 所示。

图 X6-13 效果图

在考生文件夹中新建 X6-13 文件夹，将 C:\2008PS10\Unit6 目录中的 rust.psd 文件复制到 X6-13 文件夹中，并打开 rust.psd 文件，如图 Y6-13 所示。

1. **创建图层**：设置“Arial Black”字体，水平缩放 50%，输入 130 点的文字“FEITIAN”。投影、斜面和浮雕、内发光效果处理。

2. **图层效果**：将文字层与纹理图层“图层剪切蒙版”合成处理。

3. **图层编辑**：擦除部分铁锈。

将最终结果以 X6-13.psd 为文件名保存在考生文件夹中。

图 Y6-13 素材图像

6.14　第 14 题

【操作要求】

制作霓虹字，如图 X6-14 所示。

图 X6-14　效果图

新建宽高为 350×120 像素、RGB 模式的新文件。

1．创建图层：输入字体为“Arial Black”、大小为 31 像素的文字“NEON”，如图 Y6-14 所示。

2．图层效果：用图层样式制作文字霓虹发光效果。

3．图层编辑：调整发光色彩（#fe2b3a）。

将最终结果以 X6-14.psd 为文件名保存在考生文件夹中。

图 Y6-14　在黑色背景输入文字

6.15　第 15 题

【操作要求】

制作标志，如图 X6-15 所示。

图 X6-15　效果图

新建宽高为 500×350 像素、RGB 模式的新文件。

1．**创建图层**：创建直径为 250 像素的圆形，对圆形做投影、描边（#decb4a、20 像素）处理。

2．**图层效果**：创建圆角矩形（高 20 像素），渐变叠加（#b04008、#ffffff、#ffe46c、#c77244），复制效果如图 Y6-15 所示。

3．**图层编辑**：创建圆形（直径 180 像素），添加“斜面与浮雕”、“渐变叠加”、“描边（#efd500、c66318）”样式。

将最终结果以 X6-15.psd 为文件名保存在考生文件夹中。

图 Y6-15　基本图形

6.16　第 16 题

【操作要求】

制作纪念照效果，如图 X6-16 所示。

图 X6-16　效果图

在考生文件夹中新建 X6-16 文件夹，将 C:\2008PS10\Unit6 目录中的 horse.jpg 文件复制到 X6-16 文件夹中，并打开 horse.jpg 文件，如图 Y6-16 所示。

1．**创建图层**：建立照片图层。

2．**图层效果**：切除马蹄右侧风景图像，白色描边（10 个像素）、阴影处理。

3．**图层编辑**：添加字体为“Monotype Corsiva”的文字“Ally Loves Juliet”。

将最终结果以 X6-16.psd 为文件名保存在考生文件夹中。

图 Y6-16　基本素材

6.17 第 17 题

【操作要求】

制作可可杯效果，如图 X6-17 所示。

图 X6-17　效果图

在考生文件夹中新建 X6-17 文件夹，将 C:\2008PS10\Unit6 目录中的 cocoa.psd 文件复制到 X6-17 文件夹中，并打开 cocoa.psd 文件，如图 Y6-17 所示两个图层。

1．**创建图层**：创建杯子矢量图层蒙版。

2．**图层效果**：将杯子图层与可可图层合成处理，再制作一个“可可”杯。

3．**图层编辑**：调整图层不透明度。

将最终结果以 X6-17.psd 为文件名保存在考生文件夹中。

图 Y6-17　素材图像

6.18　第 18 题

【操作要求】

合成鸡蛋眼睛图像效果，如图 X6-18 所示。

图 X6-18　效果图

在考生文件夹中新建 X6-18 文件夹，将 C:\2008PS10\Unit6 目录中的 eye1.jpg 和 egg.jpg 复制到 X6-18 文件夹中，打开 eye1.jpg 和 egg.jpg 文件，如图 Y6-18 所示。

1．**创建图层**：将两幅图像合成，

2．**图层效果**：调整眼睛位于鸡蛋的中下部，设置图层混合模式。

3．**图层编辑**：调整色调。

将最终结果以 X6-18.psd 为文件名保存在考生文件夹中。

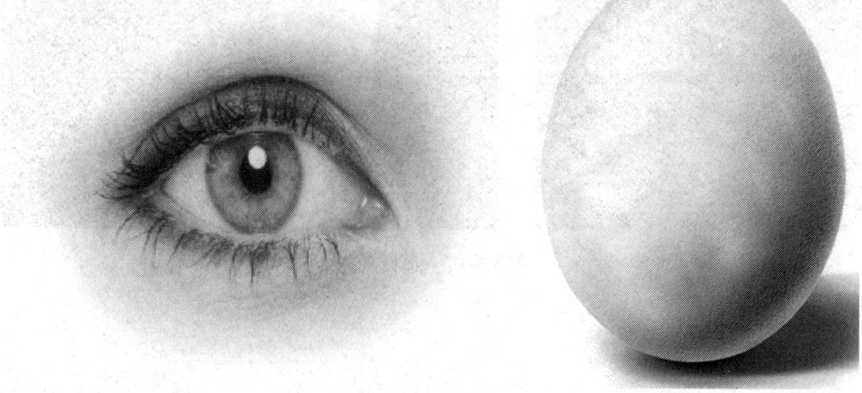

图 Y6-18　素材图像

6.19　第 19 题

【操作要求】

制作照片效果，如图 X6-19 所示。

图 X6-19　效果图

在考生文件夹中新建 X6-19 文件夹，将 C:\2008PS10\Unit6 目录中的 photo.psd 文件复制到 X6-19 文件夹中，并打开 photo.psd 文件，如图 Y6-19 所示。

1．**创建图层**：调整照片分布位置。

2．**图层效果**：制作白色描边效果。

3．**图层编辑**：复制效果，添加投影。

将最终结果以 X6-19.psd 为文件名保存在考生文件夹中。

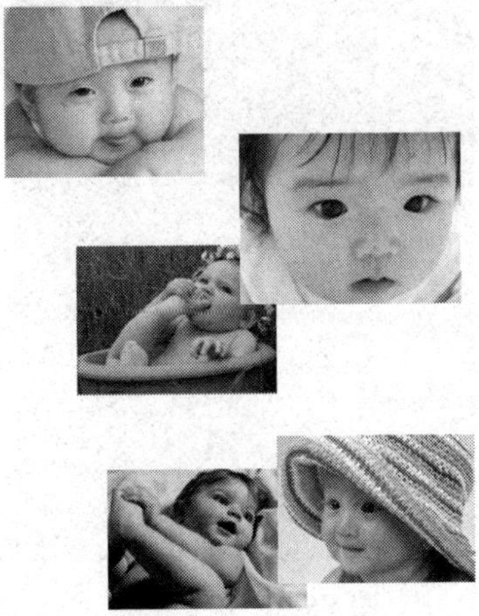

图 Y6-19　素材图像

6.20 第 20 题

【操作要求】

制作水珠效果，如图 X6-20 所示。

图 X6-20 效果图

在考生文件夹中新建 X6-20 文件夹，将 C:\2008PS10\Unit6 目录中的 drop.jpg 文件复制到 X6-20 文件夹中，并打开 drop.jpg 文件，如图 Y6-20 所示。

1. **创建图层**：创建随机分布选区图层（不要求与效果图完全一致）。
2. **图层效果**：制作斜面和浮雕样式水滴效果。
3. **图层编辑**：添加投影和内阴影效果。

将最终结果以 X6-20.psd 为文件名保存在考生文件夹中。

图 Y6-20 渐变背景

第七单元　特效滤镜

7.1　第 1 题

【操作要求】

制作变形效果，如图 X7-1 所示。

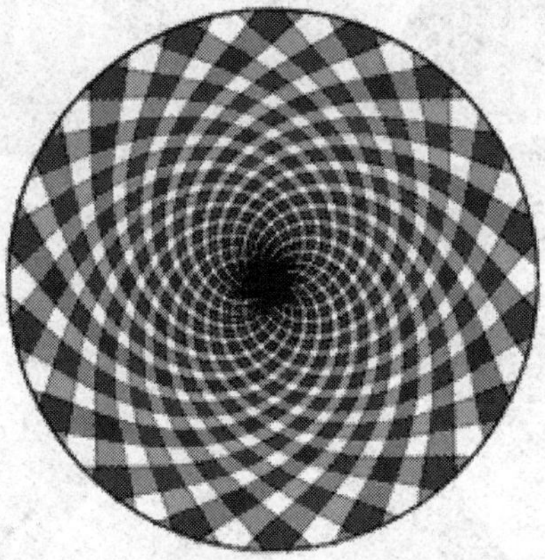

图 X7-1　效果图

在考生文件夹中新建 X7-1 文件夹，将 C:\2008PS10\Unit7 目录中的 vitta.jpg 文件复制到 X7-1 文件夹中，并打开 vitta.jpg 文件，如图 Y7-1 所示。

1．**图像编辑**：建立 2 个色条新图层。

2．**特效滤镜**：使用“扭曲”滤镜分别反向旋转处理，并进行正片叠底图层混合。

3．**效果修饰**：调整图层不透明度，产生旋涡变形效果。

将最终结果以 X7-1.psd 为文件名保存在考生文件夹中。

图 Y7-1　素材图像

7.2　第 2 题

【操作要求】

制作风轮效果，如图 X7-2 所示。

图 X7-2　效果图

新建宽高均为 300 像素、RGB 模式的新文件。

1．**图像编辑**：如图 Y7-2 所示创建图案。

2．**特效滤镜**：使用“极坐标”和“径向模糊”滤镜处理，形成风轮状。

3．**效果修饰**：使用色相/饱和度着绿色。

将最终结果以 X7-2.psd 为文件名保存在考生文件夹中。

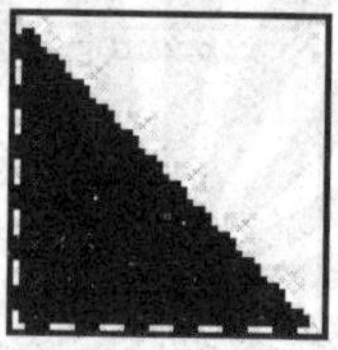

图 Y7-2　基本形状

7.3　第 3 题

【操作要求】

制作幕布效果，如图 X7-3 所示。

图 X7-3　效果图

在考生文件夹中新建 X7-3 文件夹，将 C:\2008PS10\Unit7 目录中的 dance.jpg 文件复制到 X7-3 文件夹中，并打开 dance.jpg 文件，如图 Y7-3 所示。

1．**图像编辑**：在黑色背景上涂抹白色。

2．**特效滤镜**：使用“风”和“模糊”滤镜处理成幕布条纹效果。

3．**效果修饰**：使用色相/饱和度着红色，将纹理与素材合成。

将最终结果以 X7-3.psd 为文件名保存在考生文件夹中。

图 Y7-3　素材图像

7.4　第 4 题

【操作要求】

制作火焰效果，如图 X7-4 所示。

图 X7-4　效果图

新建宽高为 350×300 像素、RGB 模式的新文件。

1．**图像编辑**：输入文字“Fire”，使用“风”滤镜，效果如图 Y7-4 所示。

2．**特效滤镜**：使用“波浪”和“液化”滤镜处理出气体升腾效果。

3．**效果修饰**：使用“色相/饱和度”命令对火焰着橘红色（#e77a01、#ffe700）。

将最终结果以 X7-4.psd 为文件名保存在考生文件夹中。

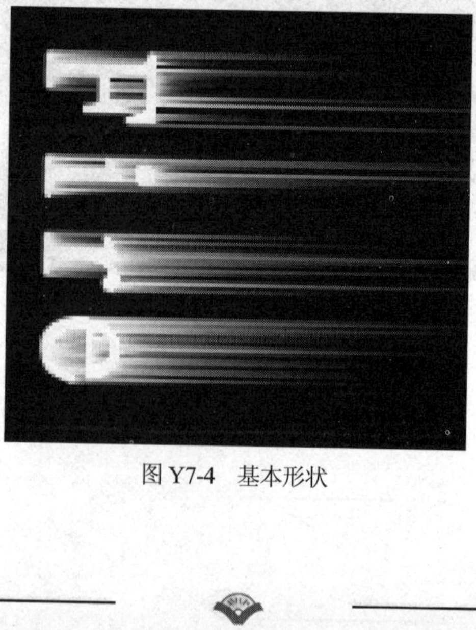

图 Y7-4　基本形状

7.5　第 5 题

【操作要求】

制作梦幻效果，如图 X7-5 所示。

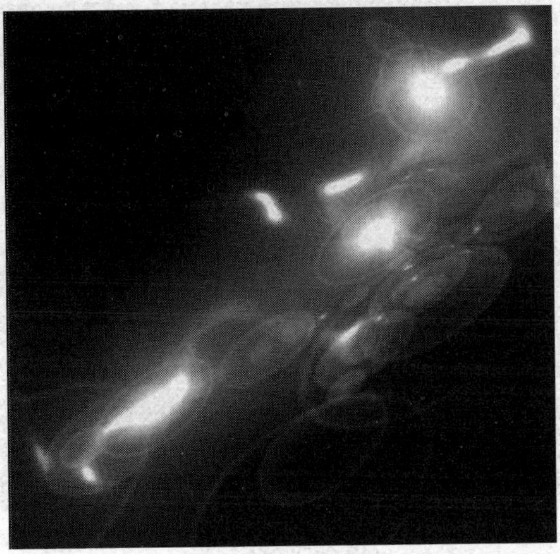

图 X7-5　效果图

新建宽高均为 300 像素，RGB 模式的新文件。

1．**图像编辑**：多次执行“镜头光晕”滤镜，效果如图 Y7-5 所示。

2．**特效滤镜**：使用“波浪”和“液化”滤镜处理。

3．**效果修饰**：多个图层颜色减淡混合。

将最终结果以 X7-5.psd 为文件名保存在考生文件夹中。

图 Y7-5　基本图形

7.6 第 6 题

【操作要求】

制作油画效果，如图 X7-6 所示。

图 X7-6 效果图

在考生文件夹中新建 X7-6 文件夹，将 C:\2008PS10\Unit7 目录中的 scene.jpg 文件复制到 X7-6 文件夹中，并打开 scene.jpg 文件，如图 Y7-6 所示。

1．**图像编辑**：使用“干画笔”滤镜处理。

2．**特效滤镜**：在艺术效果里选择“粗糙蜡笔”滤镜处理。

3．**效果修饰**：设置“粗糙蜡笔”滤镜纹理为画布。

将最终结果以 X7-6.psd 为文件名保存在考生文件夹中。

图 Y7-6 素材图像

7.7　第 7 题

【操作要求】

制作地毯纹理效果，如图 X7-7 所示。

图 X7-7　效果图

新建宽高均为 300 像素、RGB 模式的新文件。

1．**图像编辑**：填充渐变（#9a6600、#989933），绘制“饰件 2”形状，如图 Y7-7 所示。

2．**特效滤镜**：使用“纹理化”滤镜处理。

3．**效果修饰**：调整图层混合模式为“正片叠底”。

将最终结果以 X7-7.psd 为文件名保存在考生文件夹中。

图 Y7-7　基本图形

7.8 第 8 题

【操作要求】

制作雨效果，如图 X7-8 所示。

图 X7-8 效果图

在考生文件夹中新建 X7-8 文件夹，将 C:\2008PS10\Unit7 目录中的 scene1.jpg 文件复制到 X7-8 文件夹中，并打开 scene1.jpg 文件，如图 Y7-8 所示。

1. **图像编辑**：复制图层。
2. **特效滤镜**：使用“杂色”和“动感模糊”滤镜处理。
3. **效果修饰**：调整图层不透明度和混合模式为“叠加”。

将最终结果以 X7-8.psd 为文件名保存在考生文件夹中。

图 Y7-8 素材图像

7.9 第9题

【操作要求】

制作钻石效果，如图 X7-9 所示。

图 X7-9 效果图

新建宽高为 400×330 像素、RGB 模式的新文件。

1. **图像编辑**：输入文字“PHOT”，大小为 48 点，字体为“黑体”，如图 Y7-9 所示。
2. **特效滤镜**：对所输入的文字做“杂色”和“玻璃”滤镜处理。
3. **效果修饰**：调整图层混合模式，绘制星形白色闪光点。

将最终结果以 X7-9.psd 为文件名保存在考生文件夹中。

图 Y7-9 输入文字

7.10 第 10 题

【操作要求】

制作燃烧效果，如图 X7-10 所示。

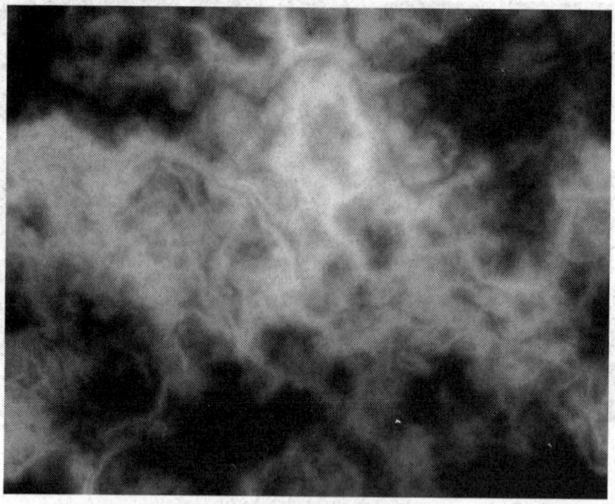

图 X7-10　效果图

新建宽高均为 300 像素、RGB 模式的新文件。

1．**图像编辑**：执行“分层云彩”滤镜，如图 Y7-10 所示。

2．**特效滤镜**：多次应用“分层云彩”滤镜，复制图层。

3．**效果修饰**：使用“色相/饱和度”命令对图层着橘红色，调整图层混合模式为“强光”。

将最终结果以 X7-10.psd 为文件名保存在考生文件夹中。

图 Y7-10　基本图像

7.11 第 11 题

【操作要求】

制作画笔效果，如图 X7-11 所示。

图 X7-11 效果图

新建宽高均为 300 像素、RGB 模式的新文件。

1. **图像编辑**：执行“分层云彩”滤镜，色阶调整效果，如图 Y7-11 所示。
2. **特效滤镜**：使用“成角的线条”滤镜处理。
3. **效果修饰**：使用“色相/饱和度”命令着色（200、57、0）。

将最终结果以 X7-11.psd 为文件名保存在考生文件夹中。

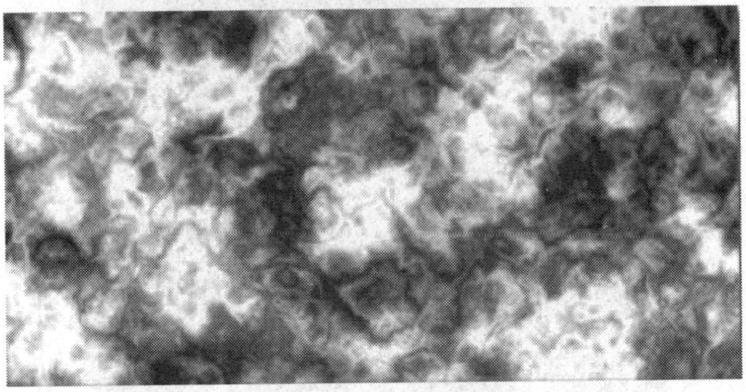

图 Y7-11 基本图像

7.12　第 12 题

【操作要求】

制作旋涡效果，如图 X7-12 所示。

图 X7-12　效果图

新建宽高均为 300 像素、RGB 模式的新文件。

1. **图像编辑**：填充咖啡色（#772801），如图 Y7-12 所示。
2. **特效滤镜**：使用“纤维”、“径向模糊”、“半调图案”和“旋转扭曲”滤镜处理。
3. **效果修饰**：改变图层混合模式为“颜色加深”。

将最终结果以 X7-12.psd 为文件名保存在考生文件夹中。

图 Y7-12　基本颜色

7.13 第 13 题

【操作要求】

制作白云效果，如图 X7-13 所示。

图 X7-13 效果图

在考生文件夹中新建 X7-13 文件夹，将 C:\2008PS10\Unit7 目录中的 scene2.jpg 文件复制到 X7-13 文件夹中，并打开 scene2.jpg 文件，如图 Y7-8 所示。

1. **图像编辑**：转入快速蒙版。
2. **特效滤镜**：使用“云彩”和“分层云彩”滤镜多次处理。
3. **效果修饰**：填充白色形成白云效果。

将最终结果以 X7-13.psd 为文件名保存在考生文件夹中。

图 Y7-13 素材图像

7.14 第 14 题

【操作要求】

制作造型，如图 X7-14 所示。

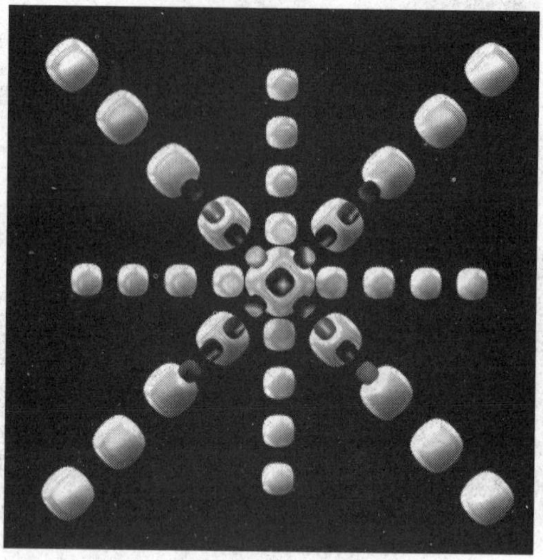

图 X7-14 效果图

新建宽高均为 300 像素、RGB 模式的新文件。

1. **图像编辑**：使用“拼贴 3”自定义形状创建造型，如图 Y7-14 所示。
2. **特效滤镜**：使用“塑料包装”滤镜处理。
3. **效果修饰**：斜面和浮雕样式处理。

将最终结果以 X7-14.psd 为文件名保存在考生文件夹中。

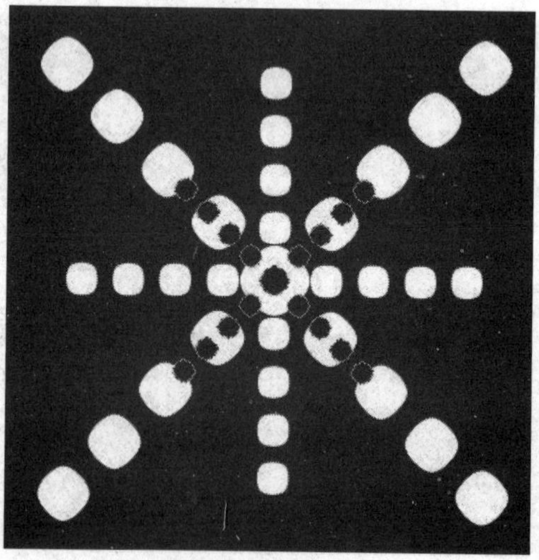

图 Y7-14 基本造型

7.15　第 15 题

【操作要求】

制作图案，如图 X7-15 所示。

图 X7-15　效果图

新建宽高为 270×300 像素、RGB 模式的新文件。

1．**图像编辑**：使用铅笔绘画随机线条，如图 Y7-15 所示。

2．**特效滤镜**：使用“动感模糊”滤镜处理，复制图层并旋转 90 度重叠放置。

3．**效果修饰**：色相/饱和度着色（0、100、0）。

将最终结果以 X7-15.psd 为文件名保存在考生文件夹中。

图 Y7-15　基本线条

7.16　第 16 题

【操作要求】

制作图案，如图 X7-16 所示。

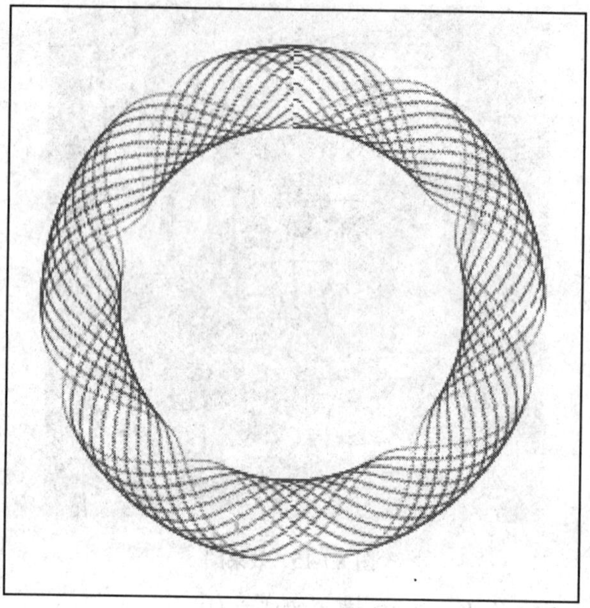

图 X7-16　效果图

新建宽高均为 300 像素、RGB 模式的新文件。

1．**图像编辑**：用铅笔绘画红色直线。

2．**特效滤镜**：使用“波浪”滤镜变形，如图 Y7-16 所示，移动复制 7 次。

3．**效果修饰**：使用“极坐标”滤镜处理成环状。

将最终结果以 X7-16.psd 为文件名保存在考生文件夹中。

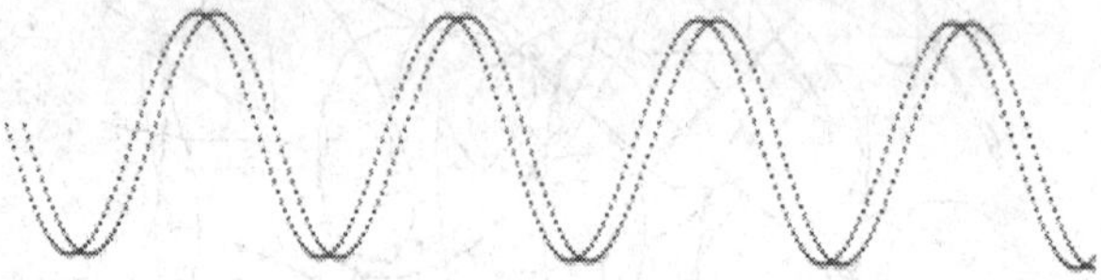

图 Y7-16　基本线条

7.17　第 17 题

【操作要求】

制作光线，如图 X7-17 所示。

图 X7-17　效果图

在考生文件夹中新建 X7-17 文件夹，将 C:\2008PS10\Unit7 目录中的 tree.jpg 文件复制到 X7-17 文件夹中，并打开 tree.jpg 文件，如图 Y7-17 所示。

1．**图像编辑**：复制图层并增加饱和度。

2．**特效滤镜**：使用“径向模糊”滤镜处理。

3．**效果修饰**：调整图层模式为“变暗”。

将最终结果以 X7-17.psd 为文件名保存在考生文件夹中。

图 Y7-17　素材图像

7.18　第 18 题

【操作要求】

制作动感效果，如图 X7-18 所示。

图 X7-18　效果图

在考生文件夹中新建 X7-18 文件夹，将 C:\2008PS10\Unit7 目录中的 car.jpg 文件复制到 X7-18 文件夹中，并打开 car.jpg 文件，如图 Y7-18 所示。

1. **图像编辑**：调整图像亮度/饱和度。
2. **特效滤镜**：使用“动感模糊”滤镜处理。
3. **效果修饰**：历史记录画笔恢复车身前半部分和天空远景被模糊区域。

将最终结果以 X7-18.psd 为文件名保存在考生文件夹中。

图 Y7-18　素材图像

7.19　第 19 题

【操作要求】

制作抽象视觉效果，如图 X7-19 所示。

图 X7-19　效果图

新建宽高均为 500 像素的文件。

1．图像编辑：绘制直径约 200 像素的白色至紫色（#5e6c99）圆形渐变，如图 Y7-19 所示。

2．特效滤镜：使用“凸出”滤镜处理。

3．效果装饰：调整色相。

将最终结果以 X7-19.psd 为文件名保存在考生文件夹中。

图 Y7-19　基本绘画

7.20　第 20 题

【操作要求】

制作葡萄酒汁流淌的效果，如图 X7-20 所示。

图 X7-20　效果图

在考生文件夹中新建 X7-20 文件夹，将 C:\2008PS10\Unit7 目录中的 cup.jpg 和 water.psd 文件复制到 X7-20 文件夹中，并打开 cup.jpg 和 water.psd 文件，如图 Y7-20A 和 Y7-20B 所示。

1．**图像编辑**：使用“色相/饱和度”命令调整 water.psd 为酒红色。

2．**特效滤镜**：使用“液化”、“扭曲”和“模糊”滤镜处理成水流状。

3．**效果修饰**：变换水流的大小、角度并与酒杯素材合成。

将最终结果以 X7-20.psd 为文件名保存在考生文件夹中。

图 Y7-20A　酒杯素材

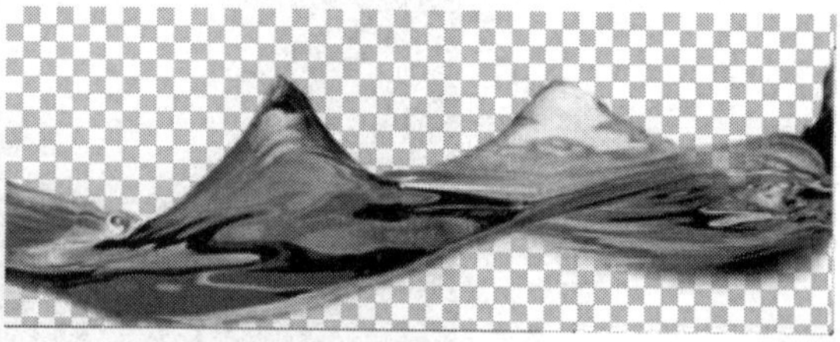

图 Y7-20B　水浪素材

第八单元　文字效果

8.1　第 1 题

【操作要求】

制作文字破旧斑驳效果，如图 X8-1 所示。

图 X8-1　效果图

在考生文件夹中新建 X8-1 文件夹，将 C:\2008PS10\Unit8 目录中的 brick.jpg 文件复制到 X8-1 文件夹中，并打开 brick.jpg 文件，如图 Y8-1 所示。

1．输入文字：输入文字“NO PARKING OR ELSE!!!”，大小为 80 点、字体为“Impact”、颜色为黑色。

2．文字编辑：设置水平与垂直缩放 90%。

3．效果变换：调整图层混合选项的“混合颜色带”的“下一图层”的参数。

4．添加装饰：调整不透明度。

将最终结果以 X8-1.psd 为文件名保存在考生文件夹中。

图 Y8-1　素材图像

8.2　第 2 题

【操作要求】

制作浮雕字效果，如图 X8-2 所示。

图 X8-2　效果图

在考生文件夹中新建 X8-2 文件夹，将 C:\2008PS10\Unit8 目录中的 Dune.jpg 文件复制到 X8-2 文件夹中，并打开 Dune.jpg 文件，如图 Y8-2 所示。

1．**输入文字**：输入文字“沙漠风光”，大小为 150 点、字体为“黑体”。

2．**文字编辑**：应用“枕状浮雕”效果。

3．**效果变换**：调整文字图层“填充不透明度”。

4．**添加装饰**：调整选项“下一图层”掩盖部分字体。

将最终结果以 X8-2.psd 为文件名保存在考生文件夹中。

图 Y8-2　素材图像

8.3　第 3 题

【操作要求】

制作浮雕字效果，如图 X8-3 所示。

图 X8-3　效果图

新建宽高为 400×300 像素、RGB 模式的新文件。

1．**输入文字**：输入文字“cool”，大小为 150 点、字体为“Comic Sans MS”。

2．**文字编辑**：将文字转换为工作路径，修改其形状，如图 Y8-3 所示。

3．**效果变换**：使用投影、斜面和浮雕、描边（#f20401）和渐变（叠铬黄金属）处理文字效果。

4．**添加装饰**：添加渐变背景（#002461、#08baf6）。

将最终结果以 X8-3.psd 为文件名保存在考生文件夹中。

图 Y8-3　修改形状

8.4　第 4 题

【操作要求】

制作造型字，如图 X8-4 所示。

图 X8-4　效果图

新建宽高均为 200 像素、RGB 模式的新文件。

1．**输入文字**：输入字母“A”，大小为 150 点、字体为“Arial Black”。

2．**文字编辑**：将文字转换为工作路径，绘制添加路径，如图 Y8-4 所示。

3．**效果变换**：组合、编辑和调整文字路径。

4．**添加装饰**：填充红色。

将最终结果以 X8-4.psd 为文件名保存在考生文件夹中。

图 Y8-4　基本图形

8.5　第 5 题

【操作要求】

制作金属字，如图 X8-5 所示。

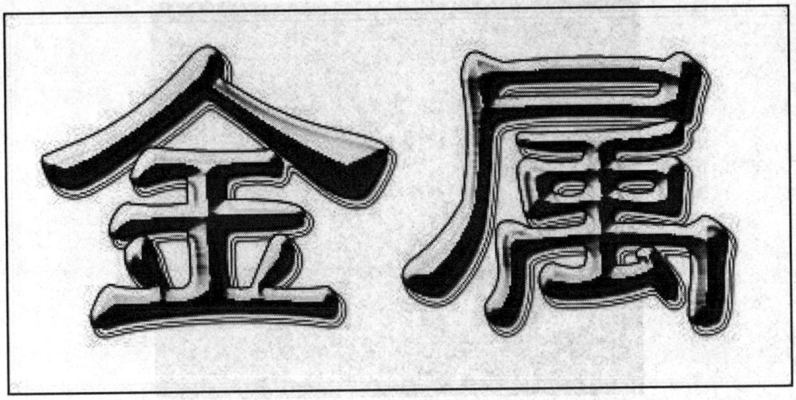

图 X8-5　效果图

新建宽高为 400×200 像素、RGB 模式的新文件。

1．**输入文字**：输入文字“金属”，大小为 100 点，字体为“隶书”，如图 Y8-5 所示。

2．**文字编辑**：设置文字“投影”、“内阴影”和“内发光”图层样式效果。

3．**效果变换**：设置文字“斜面和浮雕”、“渐变叠加”和“描边”效果。

4．**添加装饰**：曲线调整。

将最终结果以 X8-5.psd 为文件名保存在考生文件夹中。

图 Y8-5　基本文字

8.6　第 6 题

【操作要求】

制作粗糙字，如图 X8-6 所示。

图 X8-6　效果图

新建宽高为 250×200 像素、RGB 模式的新文件。

1．**输入文字**：输入文字“Grungy”，颜色为红色，字体为“Franklin Gothic Medium”，如图 Y8-6 所示。

2．**文字编辑**：复制图层，图层混合模式为溶解。

3．**效果变换**：将文字做“模糊”滤镜处理。

4．**添加装饰**：添加白色装饰说明文字“IT`S WHAT I LOVE”。

将最终结果以 X8-6.psd 为文件名保存在考生文件夹中。

图 Y8-6　基本文字

8.7 第 7 题

【操作要求】

制作反射字，如图 X8-7 所示。

图 X8-7 效果图

新建宽高均为 400 像素、RGB 模式的新文件。

1. 输入文字：输入文字"Reflection Text"，颜色为黑色，大小为 36 点，字体为"Verdana"。

2. 文字编辑：复制翻转图层，如图 Y8-7 所示。

3. 效果变换：将文字用淡灰色渐变填充。

4. 添加装饰：添加反射轴线。

将最终结果以 X8-7.psd 为文件名保存在考生文件夹中。

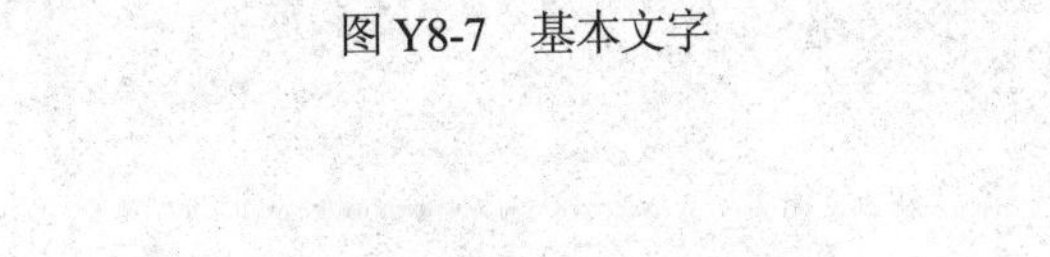

图 Y8-7 基本文字

8.8 第 8 题

【操作要求】

制作串珠字，如图 X8-8 所示。

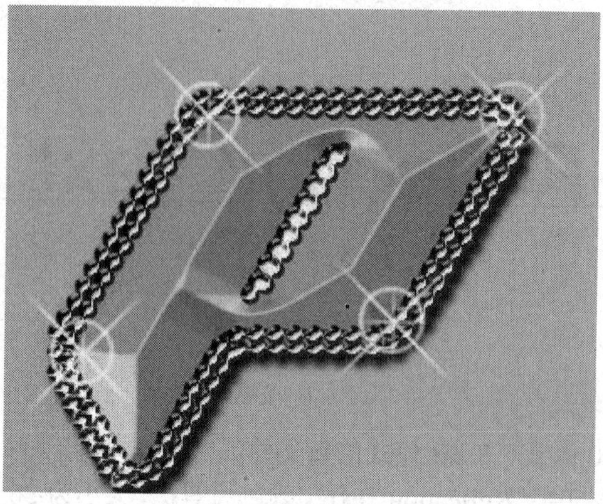

图 X8-8　效果图

在考生文件夹中新建 X8-8 文件夹，将 C:\2008PS10\Unit8 目录中的 p.jpg 文件复制到 X8-8 文件夹中，并打开 p.jpg 文件，如图 Y8-8 所示。

1．**输入文字**：创建文字选区，白色硬边圆点画笔描边。

2．**文字编辑**：使用斜面和浮雕、内发光样式处理。

3．**效果变换**：复制文字描边串珠。

4．**添加装饰**：添加闪亮高光点。

将最终结果以 X8-8.psd 为文件名保存在考生文件夹中。

图 Y8-8　基本文字

8.9 第9题

【操作要求】

制作挤出字，如图 X8-9 所示。

图 X8-9 效果图

新建宽高为 330×110 像素、RGB 模式的新文件。

1．输入文字：输入文字“PHOTOSHOP.COM”，大小为 50 点，颜色为红色，如图 Y8-9 所示。

2．文字编辑：制作挤出立体渐变效果。

3．效果变换：填充文字为黄色。

4．添加装饰：随机涂绘淡蓝色（#3ab5fb）背景。

将最终结果以 X8-9.psd 为文件名保存在考生文件夹中。

图 Y8-9 基本文字

8.10 第 10 题

【操作要求】

制作魔幻字，如图 X8-10 所示。

图 X8-10 效果图

在考生文件夹中新建 X8-10 文件夹，将 C:\2008PS10\Unit8 目录中的 fairy.jpg 文件复制到 X8-10 文件夹中，并打开 fairy.jpg 文件，如图 Y8-10 所示。

1. **输入文字**：制作文字投影。
2. **文字编辑**：制作文字放射背景。
3. **效果变换**：勾绘文字溶解白色光带。
4. **添加装饰**：设置图层混合模式。

将最终结果以 X8-10.psd 为文件名保存在考生文件夹中。

图 Y8-10 基本文字

8.11 第 11 题

【操作要求】

制作发光字，如图 X8-11 所示。

图 X8-11 效果图

在考生文件夹中新建 X8-11 文件夹，将 C:\2008PS10\Unit8 目录中的 light.jpg 文件复制到 X8-11 文件夹中，并打开 light.jpg 文件，如图 Y8-11 所示。

1. **输入文字**：创建文字形状选区。
2. **文字编辑**：将文字内部羽化挖空处理。
3. **效果变换**：图层外发光绿色样式处理。
4. **添加装饰**：添加由红至黑色渐变背景。

将最终结果以 X8-11.psd 为文件名保存在考生文件夹中。

图 Y8-11 素材图像

8.12　第 12 题

【操作要求】

制作 Logo，如图 X8-12 所示。

图 X8-12　效果图

新建宽高均为 300 像素、RGB 模式的新文件。

1．**输入文字**：输入文字“Orchids”，字体为“Georgia”，输入文字“flowers & more”，字体为“Comic Sans MS”，都为斜体、颜色为红色（#c8006c）。

2．**文字编辑**：合并 Logo 标志（C:\2008PS10\Unit8\orchids.jpg），如图 Y8-12 所示。

3．**效果变换**：绘画溶解状白色和白线。

4．**添加装饰**：添加由白色至粉红（#e480b6）渐变背景。

将最终结果以 X8-12.psd 为文件名保存在考生文件夹中。

图 Y8-12　素材图像

8.13　第 13 题

【操作要求】

制作封面，如图 X8-13 所示。

图 X8-13　效果图

新建宽高为 380×500 像素、RGB 模式的新文件。

1. 输入文字：输入主体文字“Software Programing for Windows&Linux”（字体为“宋体”）和顶部辅助文字“Mastering Second Editor”（字体为“Comic Sans MS”），文字颜色为白色。输入底部说明文字“The Complete Guide to: C++, Java, ASP, JSP, VC++ & Visual Basic”，字体为“宋体”，颜色为白色。

2. 文字编辑：如图 X8-13 所示，设置第一行文字大小为 8 点，第二行文字（Mastering）大小为 13 点，第三四行文字大小为 21 点，第五行文字大小为 10 点，最后两行文字大小为 8 点。

3. 效果变换：绘制主题词分隔白线。

4. 添加装饰：使用 C:\2008PS10\Unit8\cover.jpg，如图 Y8-13 所示，复制、变换、分布制作背景。

将最终结果以 X8-13.psd 为文件名保存在考生文件夹中。

图 Y8-13　素材图像

8.14 第 14 题

【操作要求】

制作文字 Logo，如图 X8-14 所示。

图 X8-14 效果图

新建宽高为 450×110 像素、RGB 模式的新文件。

1．输入文字：输入文字“Buy That Script”，字体为“Impact”，大小为 50 点，如图 Y8-14 所示。

2．文字编辑：“Buy”填充红色、“That”填充蓝色、“Script”填充黄色，设置“That”为斜体。

3．效果变换：黑白虚线描边、亮化文字的上半部分。

4．添加装饰：添加阴影、边界点线和说明文字“SPECIALIZING IN MYSPACE SCRIPTS”。

将最终结果以 X8-14.psd 为文件名保存在考生文件夹中。

图 Y8-14 输入文字

8.15　第 15 题

【操作要求】

制作文字 Logo，如图 X8-15 所示。

图 X8-15　效果图

新建宽高为 380×186 像素、RGB 模式的新文件。

1．输入文字：输入文字“TEXT”，颜色为橙色（#ffad11），大小为 50 点，调整变形，如图 Y8-15 所示。

2．文字编辑：外发光、斜角和浮雕、光泽和描边样式处理。

3．效果变换：制作发光黄色小球。

4．添加装饰：添加蓝、红、白和黑的梯形色块，斜面和浮雕处理。

将最终结果以 X8-15.psd 为文件名保存在考生文件夹中。

图 Y8-15　基本形状

8.16　第 16 题

【操作要求】

制作艺术字，如图 X8-16 所示。

图 X8-16　效果图

新建宽高均为 380 像素、RGB 模式的新文件。

1．输入文字：输入文字“Artistic”，大小为 50 点，字体为“Arial Black”，如图 Y8-16 所示。

2．文字编辑：将“叶形饰叶 1”形状设置为“定义图案”。

3．效果变换：将文字层应用“图案叠加”、“渐变叠加”、“描边”、“斜面和浮雕”和“外发光”图层样式。

4．添加装饰：制作渐变背景（#f8f3e0、#8a7d49）。

将最终结果以 X8-16.psd 为文件名保存在考生文件夹中。

图 Y8-16　基本形状

8.17　第 17 题

【操作要求】

制作发光字，如图 X8-17 所示。

图 X8-17　效果图

新建宽高为 400×300 像素，RGB 模式的新文件。

1．输入文字：输入文字“Photoshop”，字号为 72 点，字体为“Comic Sans MS”，如图 Y8-17 所示。

2．文字编辑：设置文字外发红光效果。

3．效果变换：文字填充为 0%。

4．添加装饰：黑色背景。

将最终结果以 X8-17.psd 为文件名保存在考生文件夹中。

图 Y8-17　输入文字

8.18　第 18 题

【操作要求】

制作 Logo，如图 X8-18 所示。

图 X8-18　效果图

新建宽高均为 300 像素、RGB 模式的新文件。

1．**输入文字**：输入文字“T”，变形处理，如图 Y8-18 所示。

2．**文字编辑**：输入文字“Sun Swinm”，字体为“Monotype Corsiva”，分别填充深黄色（#ffcc00）和深蓝色（#0162c0），外发光为黄色。

3．**效果变换**：输入说明文字“BEACH PARADISE”，颜色为淡蓝色（#a5ceff）。

4．**添加装饰**：添加黄色（#ffde5d）太阳形状背景、蓝色（#3399fe）水线和分隔线。

将最终结果以 X8-18.psd 为文件名保存在考生文件夹中。

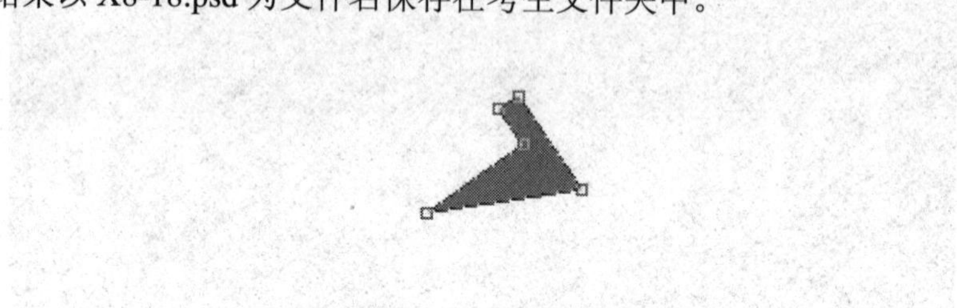

图 Y8-18　基本形状

8.19　第 19 题

【操作要求】

制作爱心图案，如图 X8-19 所示。

图 X8-19　效果图

新建宽高均为 300 像素、RGB 模式的新文件。

1．**输入文字**：绘制心形，输入黑色文字"用一生一世爱！爱！爱！把 1314 说出来"，如图 Y8-19 所示，橙色（#ff9600）文字"She once was a true love of mine"，分别沿右侧两侧放置。

2．**文字编辑**：输入文字"Love"和"end less Love"，分别填充橙色（#ff9600）和深蓝色（#041a50），白色描边，添加投影，放置路径左外侧。

3．**效果变换**：输入黑色文字"I Love You"填充路径。

4．**添加装饰**：去除路径。

将最终结果以 X8-19.psd 为文件名保存在考生文件夹中。

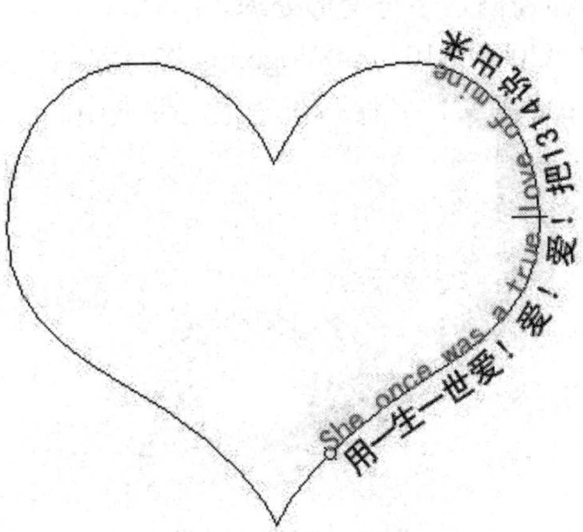

图 Y8-19　基本形状

8.20　第 20 题

【操作要求】

制作文字效果，如图 X8-20 所示。

图 X8-20　效果图

新建宽高为 380×330 像素、RGB 模式的新文件。

1．输入文字：

输入文字“COEUR DES VINS”，字体为“Arial Narrow”、大小为 25 点，颜色为绿色（#669f58）。

输入文字“自然清香 香浓醇正 温和圆润 滑润芳香 香味持久不散…”，字体为“黑体”、大小为 12 点，50%黑色。

输入文字“红葡萄酒”，字体为“黑体”、大小为 60 点，黑色。

2．文字编辑：添加阴影或图层样式立体化。

3．效果变换：将“自然清香 香浓醇正 温和圆润 滑润芳香 香味持久不散…”字符跟随路径起伏变化。将“红葡萄酒”字符变形处理。

4．添加装饰：合成 C:\2008PS10\Unit8\logo.jpg 图标素材，如图 Y8-20 所示。

将最终结果以 X8-20.psd 为文件名保存在考生文件夹中。

图 Y8-20　素材图像